本书得到了国家重点研发计划项目——柑橘化肥农药减
（2017YFD0202000）及财政部和农业农村部国家现代农
振兴战略下‘三农’融合出版探索”项目的资助

扫码看视频·病虫害绿色防控系列

柑橘病虫害绿色防控彩色图谱

全国农业技术推广服务中心　组编
王进军　主编

中国农业出版社
北　京

图书在版编目（CIP）数据

柑橘病虫害绿色防控彩色图谱/王进军主编. —北京：中国农业出版社，2021.8（2023.10重印）
（扫码看视频·病虫害绿色防控系列）
ISBN 978-7-109-28288-9

Ⅰ.①柑…　Ⅱ.①王…　Ⅲ.①柑橘类-病虫害防治-图谱　Ⅳ.①S436.66-64

中国版本图书馆CIP数据核字（2021）第092651号

GANJU BINGCHONGHAI LÜSE FANGKONG CAISE TUPU

中国农业出版社出版
地址：北京市朝阳区麦子店街18号楼
邮编：100125
责任编辑：郭晨茜　郭　科
版式设计：郭晨茜　责任校对：吴丽婷　责任印制：王　宏
印刷：三河市国英印务有限公司
版次：2021年8月第1版
印次：2023年10月河北第3次印刷
发行：新华书店北京发行所
开本：880mm × 1230mm　1/32
印张：5.5
字数：150千字
定价：38.00元

编委会

EDITORIAL BOARD

目录
CONTENTS

说明：本书文字内容编写及视频制作时间不同步，两者若有表述不一致，以文字内容为准。

PART 1

病　害

柑橘黄龙病

柑橘黄龙病

柑橘黄龙病（Citrus Huanglongbing）又名柑橘黄梢病、柑橘黄枯病、柑橘青果病、柑橘立枯病，是全球柑橘生产上最具毁灭性的病害之一。Reinking于1919年调查中国南方经济作物病害时首次发现并报道柑橘黄龙病。该病在亚洲、非洲、南美洲、北美洲、大洋洲的40多个国家相继报道。目前，柑橘黄龙病已我国广东、广西、福建、海南和台湾产区广泛蔓延，并在浙江南部、湖南南部局部地区、贵州和云南部分地区相继发生。近年来，受全球气候变暖影响，柑橘木虱的活动范围亦不断向北移动，加之柑橘苗木及种质资源的频繁调运，柑橘黄龙病的发生有逐渐扩大的趋势。迄今为止中国有柑橘栽培的19个省份中已有11个受到为害，其面积占柑橘总栽培面积的80%以上。

田间症状 该病的典型症状是初期病树出现叶片黄化的新梢，故又称柑橘黄梢病。叶片黄化有三种类型，其中最典型的为斑驳型黄化。叶片黄化还可表现为均匀型黄化和缺素型黄化。病树所结果实往往小而畸形，味酸，果皮变厚，无光泽，黄绿不均匀，有些品种如橘类在成熟期常表现为蒂部深红色，底部呈青色，俗称“红鼻子果”，而橙类则表现为果皮坚硬、粗糙，一直保持绿色，俗称“青果”。

斑驳型叶片黄化和“红鼻子果”可作为田间诊断黄龙病的主要依据。

新梢黄化（邓晓玲　摄）

叶片斑驳型黄化（邓晓玲　摄）

叶片均匀型黄化（邓晓玲　摄）

叶片缺素型黄化（邓晓玲　摄）

“红鼻果”（邓晓玲　摄）
A.砂糖橘　B.宽皮柑橘　C.温州蜜柑

"青果"（邓晓玲　摄）
A.砂糖橘　B.橙类

田间病株

发生特点

病害类型	细菌性病害
病　原	病原为限制于韧皮部筛管细胞内的一种革兰氏阴性细菌，目前共发现3个种：亚洲种（*Candidatus* Liberibacter asiaticus）、非洲种（*Ca.* Liberibacter africanus）和美洲种（*Ca.* L. americanus）。该细菌尚不能人工培养，属原核生物、变形菌门、α-变型菌纲、根瘤菌目、根瘤菌科、候选韧皮部杆菌属
传播途径	主要通过柑橘木虱、嫁接、带病苗木传播，也可通过菟丝子传播。木虱是柑橘黄龙病菌的高效传播媒介，病树或病苗可借由木虱侵染，可使果园3～4年内的发病率达70%～100%。柑橘黄龙病的远距离传播主要靠带病苗木和接穗的调运
发病原因	柑橘黄龙病的发生是病菌与寄主柑橘在环境因素的影响下相互作用的结果。柑橘黄龙病潜育期长短与侵染的菌量有关，也与被侵染的柑橘植株树龄、栽培环境的温度和光照有关。在一般的栽培条件下，绝大多数受侵染的植株在4～12个月内发病，其中又以6～8个月内发病最多

防治措施 柑橘黄龙病是一种毁灭性病害，传播蔓延的速度非常快，目前还没有发现抗病品种和治疗的特效药剂。因此，防治柑橘黄龙病必须采取综合的防治措施，才能取得良好的效果。

（1）**严格检疫**　在柑橘黄龙病未发生地区，必须采用检疫手段防止病害的传入，对疫区和非疫区采取针对性的防控措施。应严格执行检疫制度，加强产地检疫，防止“病从苗入”。

（2）**推广使用无病苗木**　首先应选好苗圃，无病母本园和无病苗圃的地点可以选在没有柑橘木虱发生的非病区。如在病区建圃，母本园要与一般柑橘园相距5千米以上，苗圃与柑橘园相距1千米以上。其次是培育无病苗木，应严格依据《柑橘无病毒苗木繁育规程》（NY/T 973—2006）和《柑橘苗木脱毒技术规范》（NY/T 974—2006）繁殖生产用苗或母本苗。

（3）**及时挖除病株**　及时挖除病株是防治柑橘黄龙病的一项重要措施。每年于病株表现最明显的10～12月检查果园，依据叶片斑驳症状进行诊断，及时处理病树；同时，在挖除病株之前先喷药杀木虱，防止木虱转移感染健康植株。

（4）**联防联控柑橘木虱**　在有柑橘黄龙病发生的果园，每次新梢抽发时统一安排喷药。第一次喷药应在新芽抽出0.5～1厘米时，第二次喷药

相隔7 ～ 10天，连喷2 ～ 3次。加强冬季清园期的防治，以消灭越冬期活动能力差的柑橘木虱成虫，这也是全年防治的重要措施。

柑橘溃疡病

柑橘溃疡病（Citrus canker）是一种重大检疫性细菌病害，是威胁全球柑橘产业的重大病害之一。该病呈全球性分布，在我国湖南、湖北、广东、广西、福建、海南、江西、浙江、四川、贵州、江苏、重庆、台湾等地皆有分布。可为害数十种芸香科植物，传播迅速且传播途径广，为害严重，顽固难防。

田间症状 该病可为害柑橘叶片、枝条、刺和果实，引起落叶和落果，严重影响果实的商品价值。叶片受害，病斑中心凹陷，周围有黄色或黄绿色晕环，后期病斑中央呈火山口状开裂。

叶片症状

果实症状

枝条症状

发生特点

病害类型	细菌性病害
病　原	病原为柑橘黄单胞柑橘亚种细菌（*Xanthomonas citri* subsp. *citri* Gabriel et al.），革兰氏阴性，好气杆菌，(0.5 ~ 0.75) 微米 × (1.5 ~ 2.0) 微米，短杆状，极生单鞭毛，有荚膜无芽孢。在2%蔗糖－蛋白胨琼脂上产生大量黄色黏液，菌落黄色、圆形、表面光滑、稍隆起
越冬（夏）场所	病原在病部组织（病叶、病梢、病果）中越冬
传播途径	借助风、雨、昆虫及农事操作等进行传播。带病苗木、接穗及果实可进行远距离传播。田间传播主要靠雨水等飞溅，病菌接触到寄主组织尤其是幼嫩部位，可由气孔、水孔、皮孔和伤口侵入，潜育期3 ~ 10天 柑橘溃疡病自4月上旬至10月下旬皆可发生，5月中旬为春梢发病高峰期，6 ~ 8月为夏梢发病高峰期，9 ~ 10月为秋梢发病高峰期，6月上旬为果实发病高峰期
发病原因	高温多雨季节有利于病菌的繁殖和传播。台风和暴风雨易造成寄主较多的伤口，而且有利于病菌侵入和传播，因此，每年台风和暴风雨后，常有一个发病高峰期。增施氮肥促进病害的发生，如在夏至前后施用大量速效性氮肥容易促进夏梢抽生，发病就加重。而增施钾肥，可以减轻发病。潜叶蛾为害严重的果园，且造成大量伤口，有利于病菌侵染。不同品种混种的果园，由于不同品种抽梢期不一致，有利于病菌的传染

（续）

病害循环

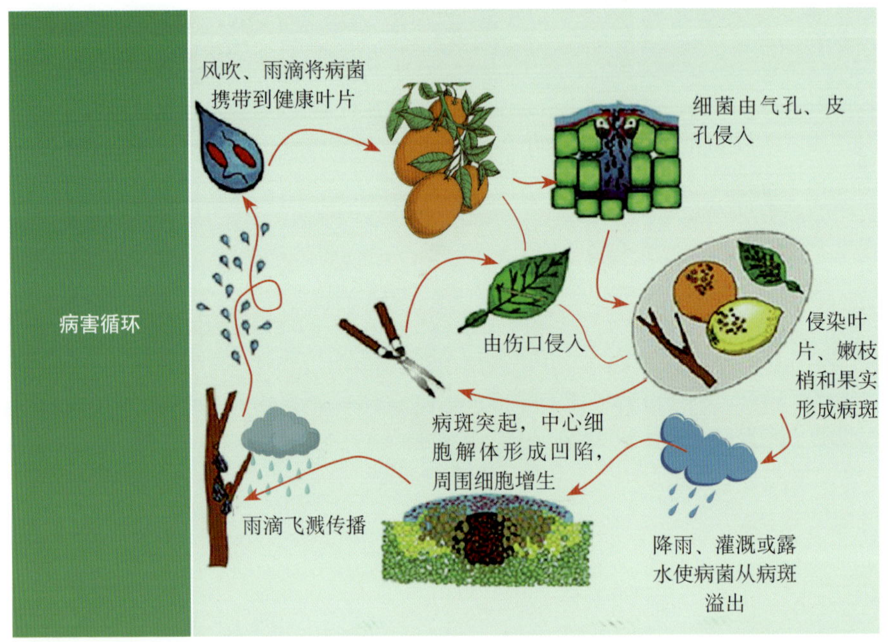

防治措施 以预防为主，严格执行检疫制度，栽种无病苗，在无法彻底清除病树的地区，适时使用化学、生物、农业等多种措施进行综合防治。

（1）**严格检疫** 避免从疫区引进苗木、接穗及砧木等，一旦发现应立即销毁。

（2）**培育和种植无病苗木** 从根本上杜绝该病传播，一旦发现零星病株，要及时彻底清除，并在一定范围内进行隔离处理。

（3）**加强果树田间管理** 冬季清园，剪除病枝、病果等，并集中烧毁，用1∶1∶100波尔多液清园；适当修剪，增强树势，合理施用氮肥，增施深施磷钾肥、有机肥，及时排灌；及时抹除夏梢和部分早秋梢，可降低病原菌侵入的概率。

（4）**化学防治** 有效药剂包括铜制剂（30%氢氧化铜悬浮剂600～700倍液、15%络氨铜水剂600～800倍液等）、2%春雷霉素水剂400倍液等。此外，喷药减少潜叶蛾、恶性叶甲和凤蝶幼虫等为害可降低溃疡病的发病程度。

易混淆病害 柑橘溃疡病与柑橘疮痂症症状相似，参见P26。

柑橘黄化脉明病

1988年，柑橘黄化脉明病（Yellow vein clearing disease）首次发现于巴基斯坦柠檬及酸橙上。随后，印度、土耳其、中国、伊朗相继发现该病。最近的报道显示该病在巴基斯坦、土耳其、中国呈快速蔓延趋势。

田间症状 该病病原不仅可以侵染柠檬、酸橙，而且可以侵染甜橙、宽皮柑橘、葡萄柚。在柠檬上的典型症状表现为叶片侧脉及侧脉附近脉明、黄化，叶背可见侧脉处水渍状，部分叶片皱缩、反卷，嫩叶症状表现明显，症状不随叶龄消失，感病柠檬产量大幅降低。香橼、墨西哥来檬、椪柑上无明显症状。

柠檬叶片症状（宋震 摄）

发生特点

病害类型	病毒性病害
病　　原	柑橘黄化脉明病毒（*Citrus yellow vein clearing virus*，CYVCV），一种甲型线性病毒科、印度柑橘病毒属的正义单链RNA病毒，病毒粒子呈弯曲线状
传播途径	CYVCV在田间可以通过绣线菊蚜和粉虱高效传播，该病通过嫁接可传播到大多数柑橘属植物上，通过摩擦接种CYVCV能够侵染苋色藜、昆诺藜、菜豆和豇豆等草本植株，但该病毒不能通过种子传播
发病原因	CYVCV引起的柑橘病害在春秋季叶片上比夏季叶片上表现得更重。该病毒引起的症状会间歇性地出现在老叶上，但在果实上观察不到症状。低温和风速对CYVCV在柑橘上的表现症状产生较大的影响，而在高温下症状会稍微减轻

防治措施 应栽培脱毒苗并重点防控虫媒（绣线菊蚜、粉虱）传播。

（1）**推广无病毒苗木**　选择、培育无病毒母株，定植无病毒苗木是防止柑橘黄化脉明病发生的有效途径；同时，加强检测监控，发现受侵染植株尽快清除，切断传染源。

（2）**严格防控传播虫媒**　大面积防控绣线菊蚜和粉虱，可有效切断该病传播，防止该病大面积蔓延扩散。

（3）**工具消毒，防止田间传播**　柑橘植株进行嫁接、修剪、采穗时，对修枝剪和嫁接刀等工具用1%次氯酸钠溶液处理10～20秒消毒，并立即用清水冲洗后擦干，然后再使用。在苗圃，为避免人为造成汁液传播，应注意工具消毒和避免用手指抹萌蘖。

柑橘衰退病

柑橘衰退病（Citrus tristeza）又名柑橘速衰病，是世界范围内的一种重要柑橘病害。可分为速衰型、茎陷点型及苗黄型3种类型，目前田间主要以茎陷点型流行为害。

目前已有超过60个国家和地区报道发生过柑橘衰退病，其发生区域几乎覆盖了世界上所有的柑橘产区，其中以巴西、秘鲁、南非等地为害最重。20世纪30年代至今，柑橘衰退病在世界范围内已毁灭过亿株柑橘树，

并仍然严重威胁着世界上以酸橙作砧木的柑橘和对茎陷点型衰退病敏感的柚类及某些甜橙的安全。柑橘衰退病在我国的分布极为普遍。由于我国长期使用枳、酸橘、红橘、红黎檬和枸头橙等抗病或耐病砧木，并主要种植耐病的宽皮柑橘，所以生产上没有出现严重为害。但云南宾川、建水个别地区由于使用敏感的香橼砧木而导致大量果树死亡。20世纪80年代末，随着我国柑橘产业结构调整力度的加大，以及21世纪以来实施柑橘产业优势区域规划，柚类和甜橙的种植比例有了较大幅度的增加，致使部分对此病敏感的柚类和甜橙受到一定程度为害。

田间症状 该病在来檬、葡萄柚、八朔柑、大部分柚类品种和某些甜橙品种上发生，病株的木质部表面出现梭形、黄褐色、大小不等的陷点，叶片扭曲畸形，小枝条极易在分枝处折断，植株矮化，树势减弱，果实变小。

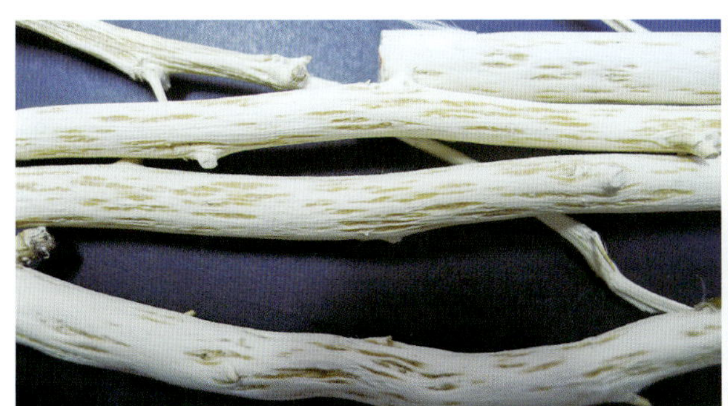

木质部出现陷点

叶片症状（周常勇 摄）

植株症状

发生特点

病害类型	病毒性病害
病　原	病原为长线形病毒属的柑橘衰退病毒（*Citrus tristeza virus*，CTV）。病毒颗粒细长弯曲，基因组是由19 296个核苷酸构成的正义单链RNA（+ssRNA），是已知基因组最大的植物病毒
传播途径	主要通过嫁接和多种蚜虫以非循环型半持久方式进行传播。其中褐色橘蚜的传毒能力最强，可有效传播CTV的多个株系。棉蚜和绣线菊蚜的传毒能力较弱，但因其在田间发生量大，因此也是CTV重要的传播媒介。豆蚜、橘二叉蚜、桃蚜和指管蚜也可传播CTV，但其传播能力很弱。此外，柑橘衰退病还可以通过两种菟丝子（*Cuscuta subinclusa*、*C. americana*）进行传播
发病原因	在过去的几十年间，全球范围内柑橘繁殖材料的频繁交流，不可避免地导致衰退病和媒介昆虫进入新的柑橘产区，从而加快柑橘衰退病的传播

防治措施

（1）**使用抗病或耐病砧木**　采用枳、枳橙、红橘、酸橘等抗病或耐病品种代替酸橙作砧木防治速衰型柑橘衰退病。

（2）**使用无病毒苗木并严格防治蚜虫**　由于CTV在田间以蚜虫传播为主，且蚜虫发生世代多、传毒率高，因此通过使用无病毒苗木或防治蚜虫来防治柑橘衰退病效果不明显。但仍须采取措施积极防治蚜虫。

（3）**运用弱毒株交叉保护技术**　即在无病毒柑橘上预免疫接种有保护作用的弱毒株，可有效防治衰退病。但近年来国内学者研究发现，柑橘衰退病存在复杂株系分化现象，强毒侵染严重，且存在大量复合侵染现象，而筛选具有保护作用的弱毒株除当前技术手段外仍需依靠经验，且难以成功，在一定程度上增加了弱毒株系筛选的难度。

柑橘碎叶病

柑橘碎叶病（Citrus tatter leaf）因其在厚皮来檬、枳橙上表现叶片扭曲、叶缘缺损似破碎状而得名。目前，美国、日本、中国、韩国、巴西、泰国、菲律宾、澳大利亚和南非已报道发现柑橘碎叶病，尤其以日本和中

国发生最为普遍。在中国，台湾、浙江、福建、广东、广西、湖南、湖北、四川和重庆等省份均有柑橘碎叶病发生，在浙江、湖南、福建和广西等省份的局部地区还曾造成比较严重的为害。例如，湖南省安化县唐溪园艺场栽植的早津温州蜜柑（*C. unshiu*）曾因柑橘碎叶病造成大面积死树，经济损失巨大。

田间症状 该病在许多寄主上不显症，主要为害以枳及其杂种作砧木的柑橘树，引起嫁接口附近的接穗部肿大，剥开接合部树皮，可见接穗与砧木间有一圈缢缩线。受害植株叶脉呈类似环状剥皮引起的黄化，黄化常发生于新梢。植株矮化，受强风等外力推动，病树砧穗接合处易断裂，裂面光滑。腊斯克枳橙（*C. sinensis* × *P. trifoliata* cv. Rusk）实生苗受侵染后，新叶上出现黄斑，叶缘缺损，呈“之”字状扭曲，植株矮化，常用作柑橘碎叶病鉴定的指示植物。

嫁接口接穗部肿大（赵学源 摄）

叶部症状（宋震　摄）

田间病株

发生特点

病害类型	病毒性病害
病　　原	病原为柑橘碎叶病毒（Citrus tatter leaf virus，CTLV），CTLV是β线性病毒科毛状病毒属的正义单链RNA病毒，CTLV病毒粒子呈弯曲线状，大小为（600～700）纳米×15纳米
传播途径	CTLV主要依靠带毒接穗和苗木进行长距离传播，也可以通过农事工具等机械传播，受污染工具在香橼之间的传毒率可达92%以上。另外，据报道CTLV可通过百合、昆诺藜、豇豆种子传播给后代，还能通过菟丝子（*Cuscuta chinensis*）传播。最近研究发现，CTLV能够通过柑橘种子传播，不过传毒率非常低。迄今尚未发现CTLV有传毒媒介昆虫
发病原因	该病的流行为害与砧木种类直接相关。以枳及其杂种枳橙等为砧木的植株受侵染后会表现症状，导致树势衰弱，产量锐减；而以酸橘、红橘等为砧木的植株受侵染后不表现症状，对树势和产量无显著影响

防治措施

(1) **推广无病毒苗木** 选择、培育无病毒母株，定植无病毒苗木是防止柑橘碎叶病发生的有效途径。用腊斯克枳橙作指示植物，结合RT-PCR等分子检测技术鉴定淘汰带毒母株，选择无病母本用于种苗繁殖。将带病植株置于热处理室变温处理（白天40℃，晚上30℃）30天后，然后取约0.15毫米长的茎尖进行微芽嫁接可获得无病毒苗。

(2) **工具消毒，防止田间传播** 柑橘植株进行嫁接、修剪、采穗时，对修枝剪和嫁接刀等工具可用1%次氯酸钠溶液处理10 ～ 20秒消毒，并立即用清水冲洗后擦干，然后再使用。在苗圃，为避免人为造成汁液传播，应注意工具消毒和避免用手指抹萌蘖。

(3) **使用抗病砧木** 通过采用耐病砧木如酸橘、红橘和枸头橙等，可以防止柑橘碎叶病造成严重为害。对于已受该病侵染并产生嫁接问题的枳或枳橙砧柑橘，通过靠接耐病红橘等砧木，可以使其恢复5 ～ 6年的正常生长。但因我国采用枳或其杂种砧木的地区相当普遍，柑橘碎叶病又呈零星发生状，靠接法不宜推广，而以挖除病树重新定植无病毒苗木为好。

柑橘裂皮病

20世纪40年代末和50年代初，美国和澳大利亚先后发现柑橘裂皮病(Citrus exocortis)。20世纪60年代以来，在我国四川、广西、浙江、湖南等地发现了有裂皮病状的植株，大多是枳砧或柠檬砧的引进品种。近年来，随着柑橘无病毒三级繁育技术体系的应用和推广，该病发生流行呈显著下降趋势。

田间症状 该病可侵染柑橘的许多种和品种，病状有很大差异。其中大多数砧木品种隐症带毒，以枳、枳橙和黎檬作砧的柑橘植株则症状明显，受害严重。一般表现为砧木部树皮开裂，在树皮下有少量的胶，多数病树在接穗和砧木接合部有环形裂口，树冠生长受抑制，病树矮化；病重的植株，地上部除表现矮化外，还出现小枝枯死，新梢少而弱，枝叶稀疏；有的病株叶片呈缺锌状，春季开花多，落花落果严重等。病株很少死亡，但植株矮化、结果量少，已失去经济价值。带病苗木在苗期无症状表现，田间植株出现树皮开裂所需的时间一般是在定植后4 ～ 8年，枳砧病株如症状出现较早，则往往砧、穗部粗细无明显差异；如发病较晚，则仍呈现枳砧植株砧粗穗细的特点。在指示植物伊特洛香橼亚利桑那861选系上的典型症状是新叶的中脉抽缩，向叶背明显卷曲。

砧木部树皮开裂（赵学源、陈洪明　摄）
A.尤利克柠檬/香橼砧木　B.Femminello无核柠檬/枳砧木

伊特洛香橼叶部症状（杨方云　摄）

发生特点

病害类型	病毒性病害
病　　原	病原为柑橘裂皮类病毒（*Citrus exocortis viroid*，CEVd），是马铃薯纺锤块茎类病毒科、马铃薯纺锤块茎类病毒属的共价闭合环状RNA，大小约为370个碱基
传播途径	病原可随苗木和接穗远距离传播，并可通过嫁接或修剪用的工具机械传播，种子不传病。至今尚未发现媒介昆虫
发病原因	寄主的感病性是决定病害发生与否的主要因素。以枳、枳橙、红黎檬和其他一些黎檬作砧木的柑橘品种以及某些香橼选系感病后，表现明显症状；而用酸橘、红橘、枸头橙和香橙等作砧木的柑橘植株感病后，不显症状，成为隐症带毒植株

防治措施

（1）**推广应用无病苗**　通过茎尖嫁接等方法获得无病毒母株，培育推广应用无病苗。

（2）**消毒农具**　用1%次氯酸钠液或20%漂白粉液消毒嫁接刀或修枝剪等工具。

（3）**避免用手抹芽**　苗木除萌蘖或果园抹芽放梢时，应以拉扯去芽的方法代替手指抹芽，以免将手上的病原传给健株。

温馨提示

由于此病毒田间无虫媒传播，通过使用无病毒苗木，并在田间农事操作时注意避免刀剪等工具的机械传播，可以有效防治CEVd的发生与为害。

温州蜜柑萎缩病

温州蜜柑萎缩病（Satsuma dwarf）又称为温州蜜柑矮缩病、温州蜜柑矮化病，是日本温州蜜柑生产上的重要病害。20世纪70年代在土耳其、80年代在韩国均有该病发生的报道，80年代该病在我国零星发生，并相继传播到浙江、四川、江苏、湖南和湖北等地。

田间症状 温州蜜柑萎缩病在柑橘上的典型症状是船形叶和匙形叶。新梢发育受到影响后，导致全树矮化，枝、叶丛生。患病树单位容积的叶数较多。发病后期果皮增厚变粗，果梗部位隆起成高腰果，品质降低。重病植株节间缩短，果实严重畸形。该病最初大多是散点性地发病，以后以发病树为中心，轮状向外扩展。

温州蜜柑萎缩病典型症状

发生特点

病害类型	病毒性病害
病　原	病原为温州蜜柑萎缩病毒（*Satsuma dwarf virus*，SDV），其病毒粒子呈球状，直径约26纳米，存在于细胞质、液泡内，在枯斑寄主叶片内主要存在于胞间连丝的鞘内，呈一字状排列。SDV是单链RNA病毒，其基因组包含两个组分RNA1和RNA2，全长分别为6 795个碱基对和5 345个碱基对
传播途径	主要通过嫁接和汁液传播。推测线虫和土壤中的油壶真菌有传毒的可能，研究证实该病毒可以通过菜豆种子传播，但未发现传媒昆虫。另外，中国珊瑚树是SDV的潜症寄主，可以加速温州蜜柑萎缩病的传播

防治措施

（1）**推广使用脱毒苗木**　种植脱毒苗木是现阶段防治SDV最可行和有效的方法。可从根本上预防温州蜜柑萎缩病，预防病毒随着接穗或砧木传播。

（2）**严格控制嫁接过程中病毒的扩散**　温州蜜柑萎缩病可通过机械方法传播，要对嫁接、修剪用的工具进行消毒。

（3）**及时砍伐重症中心病株**　及时砍伐重症中心病株，在周围树间开深沟可以防止病害蔓延，使用氯化苦消毒土壤处理亦可减轻为害。

（4）**剪除病枝**　冬季及时剪除轻病树的重症枝条可以减轻发病。

（5）**加强果园管理**　肥水管理好，树势强也可以减轻发病。

柑橘疮痂病

柑橘疮痂病

柑橘疮痂病（Citrus scab）可分为普通疮痂病（又称酸橙疮痂病）、甜橙疮痂病和澳洲疮痂病，我国目前流行的均为普通疮痂病。普通疮痂病是目前分布最广、为害最为严重的一种疮痂病，广泛分布于世界上气候湿润的柑橘产区，仅地中海产区尚未发现。普通疮痂病主要为害宽皮柑橘，也为害其他柑橘品种。目前该病在我国分布于各个柑橘产区，以浙江、江西等地最为严重。

甜橙疮痂病在中国尚无发现报道，是我国进出口检验检疫对象。澳洲疮痂病分布于澳大利亚，主要为害甜橙品种。

田间症状 该病可为害叶片、新梢、花器及果实等，主要浸染感病品种的幼嫩组织。初期叶片出现黄色油渍状小点，病斑逐渐变为蜡黄色，后期病斑木栓化向叶背突出，叶面呈弯曲状，突起不明显，病斑直径0.3～2.0毫米，病斑散生或连片，病害发生严重时叶片扭曲、畸形。新梢发病，病斑周围突起现象不明显，病梢较短小，有扭曲状。花器受害后，花瓣很快脱落，谢花后果皮上会出现褐色小点，病斑逐渐变为黄褐色木栓化突起。幼果发病的症状与叶片相似，豌豆粒大的果实染病，呈茶褐色腐败而落果；幼果稍大时染病，果面密生茶褐色疮痂，常早期脱落；残留果发育不良，果小、皮厚、味酸、汁少，果面凹凸不平，又称“癞头疤”；快成熟果实染病，病斑小，不明显；有的病果病部组织坏死，呈癣皮状脱落，下面组织木栓化，皮层变薄且易开裂，空气湿度大时，病斑表面能长出粉红色的分生孢子盘。

叶部症状

枝条症状

幼果症状

熟果症状

发生特点

病害类型	真菌性病害
病　　原	引起柑橘疮痂病的病原有3种。其中，普通柑橘疮痂病的病原无性阶段为痂囊菌属的柑橘痂圆孢菌（*Sphaceloma. fawcettii* Jenkins），属半知菌亚门黑盘孢目；有性阶段为柑橘痂囊腔菌（*Elsinoe. fawcettii* Bitancour & Jenkins）。有性世代在我国尚未发现 甜橙疮痂病有性态为*E. fawcettii* Australis Bitancourt & Jenk，无性态为*S. australis* Bitancourt & Jenk，是我国进出口检验检疫对象 澳洲疮痂病病原的无性态为*S. fawcettii* var. *scabiosa* Jenk，尚未发现其有性态
越冬（夏）场所	病原菌主要以菌丝体在病枝、病叶和病果等部位越冬
传播途径	该病主要靠雨水和风传播。Whiteside等证实柑橘疮痂病菌可产生有色和透明两种分生孢子，不同的分生孢子的散布和侵染对环境有着不同的要求，其中有色的分生孢子需要流动水才能够进行繁殖散布，2.5 ~ 3.5小时才能够完成侵染过程；而透明的分生孢子需要借助大于2米/秒的风速雨水流动同时存在才能从分生孢子梗上脱离

（续）

发病原因	柑橘疮痂病的发生需要有较高的湿度和适宜的温度，其中湿度更为重要，其发病温度范围为15 ~ 30℃，适宜温度为20 ~ 24℃。凡春雨连绵的年份或地区，春梢发病重；在温带橘区发生重，而在亚热带和热带产区发生较轻，只在早春和晚秋略有发生
病害循环	植株发病 分子孢子盘 雨水流动 风及雨水流动 有色分生孢子 透明分生孢子 嫩叶、幼果、嫩梢等幼嫩组织 （引自Kuang-Ren Chung，2010）

防治适期 苗木和幼龄树以保梢为主，成年树以保幼果为主。即在春芽萌动期及花谢2/3时进行喷药保护。

防治措施

（1）**农业防治** 合理修剪，增强通透性，降低湿度；控制肥水，促使新梢抽发整齐，缩短感病时间，减少侵染机会；结合修剪和清园，剪除树上病枝叶并清除园内落叶，集中烧毁。

（2）**药剂防治** 防治该病有效药剂包括石硫合剂、波尔多液、腈苯唑、苯醚甲环唑，代森锰锌、硫酸铜钙等。一般一年喷药2次：第1次施药在春芽萌动期，芽长不超过1厘米时对新梢进行保护；第2次在花谢2/3时对幼果进行保护，发病较重可半个月后再喷1次。

易混淆病害 柑橘疮痂病与柑橘溃疡病症状相似易混淆，主要从以下几个方面加以区别：

病害名称	柑橘疮痂病	柑橘溃疡病
初期症状	叶片上出现针头大小黄色或暗黄绿色的油浸状半透明小点，后随病斑的扩大，并在叶片正面和背面同时形成突起圆形病斑，病斑背面中部隆起，顶端皱缩或凹陷状，病斑外围组织褪绿呈黄色晕环	叶片上呈现褐色圆点，周围组织水浸状，清晰病斑外围亦有黄色晕环，随病斑扩展，病部组织从叶的一面凹下，另一面呈圆锥状突起，病斑多时，叶片常扭曲变畸形，天气潮湿或多雨时，病斑顶部常长出灰色霉层，早期被害的嫩叶、嫩梢多枯焦变黑或脱落
中后期病斑	病斑较大，4～5毫米，圆形或椭圆形，扁平状，表面有轮纹数圈。病斑背面中部隆起，顶端皱缩，呈火山口状裂口，病斑边缘与健康组织交界处呈深褐色釉光带，常称釉圈	病斑较小，0.5～1毫米，半球状突起，而且可以穿透叶的两面并同时突起
病斑组织解剖	病组织呈黄褐色坏死，不增生新组织，表皮细胞破裂，内部结构紊乱或残缺不全，细胞个体膨大、散乱，常出现大的空洞	虽然病组织呈黄褐色坏死，但组织结构完整，细胞个体亦无明显变化，病部寄主表皮组织显著增生

柑橘脚腐病

柑橘脚腐病（Citrus foot rot）又名柑橘裙腐病、柑橘烂蔸疤，呈世界性分布，我国各产地均有发生，以西南柑橘产区病情最重。植株感病后，引起根和根颈部腐烂，叶片黄化脱落，树势衰弱，产量下降，甚至成株枯死，造成严重经济损失。

田间症状 柑橘脚腐病发病部位主要在地面上下10厘米左右的根颈部。初期病部树皮呈不规则的水浸状病斑，黄褐色至黑褐色，腐烂后，病部散发出酒糟臭味。高温高湿条件下，特别是大雨后，病斑迅速扩展，往往有一些胶液渗出，干燥后胶液浓稠，凝成褐色透明胶块。病害可扩展到木质部，使木质部变色腐朽。旧病斑树皮干缩，病健交界明显，最后树皮干裂脱落，木质部外露。病斑横向扩展可使根颈部皮层全部变色腐烂，阻碍和中断有机营养的输送，致使植株死亡。

根颈部症状

植株死亡

发生特点

病害类型	土传性真菌病害
病　　原	据Erwin和Ribeiro统计，世界范围内从柑橘上分离出的疫霉有10余种，其中最主要的是寄生疫霉（*P. parasitica* Dastur）和柑橘褐腐疫霉［*P. citrophthora* (R.et E.Smith) Leno］。在我国四川发生的主要是寄生疫霉，湖南发生的主要是柑橘褐腐疫霉
越冬（夏）场所	病菌以菌丝和厚垣孢子在病株和土壤病残体中越冬
传播途径	疫霉菌靠游动孢子致病，没有水的情况下游动孢子不能游动，因此水是侵染的主要条件，也是传播疫霉菌的主要媒介。游动孢子从植株根颈部伤口和自然孔口侵入，也可随雨滴溅到近地面的果实上，使果实发病
发病原因	该病易在高温多雨季节发生。4月中旬开始在田间发生，6～9月是发病高峰期，一般雨量高峰后10～15天出现发病高峰。病害发生随树龄增长而加重，特别是10年生以上结果过多的成年树、衰弱树及老树发病重，30～40年生树发病最重。吉丁虫、天牛等害虫及其他原因引起的伤口，增加病菌侵染机会，加剧本病的发生为害。果园低洼、土质黏重、排水不良、树皮受伤、土壤含水量过高以及根颈部覆土过深，特别是嫁接口过低或栽植过深均有利于发病。果实下挂、接近地面等均有利于此病的发生，也会在贮运时发病 柑橘类植物对本病的抗病性差异显著，高抗或抗病的品种（种类）有枳、枳橙、枳柚、大叶金豆、枸头橙、酸橙和柚；感病或高感的品种（种类）有甜橙、椪柑、金橘、尤力克柠檬、越南橘、四会柑和甜橙，其中实生甜橙及以甜橙为砧木嫁接的最易感病

防治适期 发病初期。

防治措施 柑橘脚腐病应采用以抗病砧木为主，对病树靠接换砧，加强药剂防治的综合治理。

（1）**利用抗病砧木** 利用抗病砧木是新栽培果园预防该病发生最有效的措施。枳、枳橙、枳柚和枸头橙等砧木品种抗病力强。采用抗病砧木育苗，还需适当提高嫁接口的位置，使容易发病的接穗部分与地面保持一定的距离，以减少感染发病的机会。

（2）**加强栽培管理** 地势低洼、土壤黏重、管理不良的果园，应搞好开沟排水工作，要求做到雨季无积水，雨后园地不板结；果园不要间作高秆作物，密度要合理；增施有机肥料，化肥不干施，以免烧伤树根和树皮；在中耕除草时，避免损伤树干基部树皮，防止病菌通过伤口侵入。

（3）**靠接换砧** 在感病砧木的植株主干上靠接3株抗病砧木，借以起到增根或取代原病根的作用，使吸收和输送养分正常。对靠接换砧，以往只注重在病树上进行，而且多半是重病树，应提倡凡是用了感病砧木的果园应分批靠接，而且先靠接健康树、轻病树，以预防该病的扩大为害。

（4）**化学防治** 及时防治天牛和吉丁虫等树干害虫。此外，在发病季节经常检查橘园发病情况，检查时必须挖去主干基部的泥土，直至暴露根颈部位，发现病斑，用刀刮去外表泥土及粗皮，使病斑清晰显现，再用刀纵刻病部深达木质部，刻条间隔约1厘米，然后涂药，未发病的植株也可涂药保护。90%乙磷铝粉剂100倍液、25%甲霜·锰锌可湿性粉剂200～400倍液、64%杀毒矾可湿性粉剂400～600倍液、10%双效灵水剂300倍液或2%～3%腐殖酸钠等均有很好的治疗效果。

柑橘煤烟病

柑橘煤烟病（Citrus Fuliginous）又称柑橘煤病、柑橘煤污病或柑橘烟霉病。1875年的春夏在加利福尼亚的甜橙树上首次发现柑橘煤烟病，目前该病在我国柑橘产区普遍发生。

柑橘煤烟病

田间特征 该病常发生在柑橘枝叶和果实上，其表面覆盖一薄层暗褐色或稍带灰色的霉层，严重阻碍柑橘树的光合作用，常导致树势衰退。严重受害时，开花少，果实小，品质下降。柑橘煤烟病因病原种类不同，霉状物的附生情况也不相同。由霉炱属（*Capnodium*）引起的霉层为黑色薄纸状，易撕下或自然脱落。由刺盾炱属（*Chaetothytum*）引起的霉层状似锅底灰，以手擦之即成片脱落 。由小煤炱属（*Meliola*）引起的霉层分布不均而呈辐射状小霉斑，分散于叶面及叶背，不易剥离。

叶部症状（陈洪明、周彦　摄）

果实症状（陈洪明、周彦　摄）

发生特点

病害类型	真菌性病害
病　原	柑橘煤烟病病原菌种类多达10余种，形态各异。菌丝体均为暗褐色，有一个或多个分隔，具横隔膜或具纵横隔膜，闭囊壳有柄或无柄，闭囊壳壁外有附属丝或无附属丝，具刚毛 中国常见的柑橘煤病病原菌有：巴特勒小煤炱（*Meliola butleri* Syd.）、山茶小煤炱［*M.camelliae*（Gatt.）Sacc.］、柑橘煤炱（*Capnodium citri* Berk et Desm）、烟色刺盾炱［*Capnophaeum fuliginodes*（Rehm）Yamam.］、田中新煤炱［*Neocapnodium tanakae*（Shirai et Hara）Yamam.］、爪哇黑壳炱［*Phaeosaccardinula javanica*（Zimm.）Yamam.］和刺三叉孢炱［*Triposporiopsis spinigera*（Hohn.）Yamam.］，其中以前3种为主
越冬（夏）场所	病菌以菌丝体及闭囊壳或分生孢子器在病部越冬
传播途径	子囊孢子或分生孢子借风雨传播，散落于介壳虫、蚜虫、黑刺粉虱、烟粉虱等害虫的分泌物上，以此为营养生长繁殖，辗转侵害
发病原因	柑橘煤烟病全年都可发生，以5～9月发病最烈。多发生于栽培管理不良、植株高大、荫蔽、湿度大的果园。蚜虫、介壳虫和粉虱等害虫发生严重发病重

防治适期 及时防治介壳虫、粉虱和蚜虫等可减轻或避免诱发柑橘煤烟病的发生。春季芽萌动时和开花前重点防治蚜虫，5月中旬重点防治介壳虫、黑刺粉虱等害虫，同时要在发病初期喷药预防。

防治措施

（1）**防治刺吸式口器害虫**　防治蚜虫可喷施10%吡虫啉可湿性粉剂1 500倍液或50%多菌灵可湿性粉剂800倍液各1次。防治介壳虫、黑刺粉虱等害虫，用25%噻嗪酮可湿性粉剂1 500倍液或48%毒死蜱乳油1 000倍液或95%机油乳油200倍液加50%多菌灵可湿性粉剂800倍液全树冠喷雾，连用2～3次，每次间隔7～10天。7～9月交替使用阿维菌素、氟虫腈、吡虫啉、噻嗪酮防治白粉虱，冬季清园时喷8～10倍液松脂合剂或200倍机油乳剂灭虫，减轻来年虫口基数。

（2）**化学防治**　在早春发病初期，可用0.5%波尔多液喷雾，或用70%甲基硫菌灵可湿性粉剂600～1 000倍液喷雾。在6～7月改喷1∶4∶400的铜皂液，于6月中、下旬和7月上旬各喷1次。

（3）**加强果园管理**　适当修剪，以利通风透光，增强树势。做好冬季清园，清除染病枝叶及病果，将其带出果园集中烧毁，减少翌年病菌来源。

柑橘白粉病

柑橘白粉病（Citrus powdery mildew）在美国、爪哇、印度、锡兰、越南、菲律宾和中国有发生，我国主要分布于华南和西南柑橘产区，在福建、云南、四川、重庆等低山温凉多雨区发生严重，广西局部砂糖橘区亦发生严重。

田间症状 该病主要为害柑橘树的幼嫩枝叶和幼果，严重时引起大量落叶、落果，枝条干枯，被害部位覆盖一层白粉，故称白粉病。在云南建水和福建永春、闽侯一带，夏梢被害后萎凋枯死，使树冠骨干枝无法形成，是该地柑橘上为害最严重的病害。

叶部症状（蒋元晖、冉春　摄）

发生特点

病害类型	真菌性病害
病　原	病原菌的无性世代为*Oidium tingitaninum* C. N. Carter.，属半知菌亚门丝孢科顶孢属。分生孢子无色，串生，圆筒形。本病病原菌的有性世代尚未发现
越冬（夏）场所	病菌以菌丝在病组织中越冬
传播途径	分生孢子借气流传播，病源下风方向的果园发病较为严重

（续）

发病原因	柑橘白粉病能为害多个柑橘栽培品种，柑橘各品种中以椪柑、红橘、四季橘、甜橙、酸橙、葡萄柚受害较重，温州蜜柑发病较轻，金柑未见发病，仅柚类的白柚及文旦柚较为抗病 低温及高湿的季节适合该病发生。该病于5月上旬开始发生，树冠中央徒长嫩枝首先发病，随后夏梢及幼果普遍染病，多数地区在6月中、下旬达到发病高峰，在云南建水一带整年均可发生，四川主要在夏、秋季发生，山地果园种植在北坡的植株发病比南坡严重，树冠西北方向近地面的、内部的枝梢及树冠中心的徒长枝最易受害 果园偏施氮肥；种植过密，树冠内部枝叶、幼果发病较树冠四周重，近地面枝叶发病较重；果园阴湿，树冠郁蔽的植株往往发病重，下部及内部枝梢最易染病

防治适期 嫩梢抽发时喷药预防，发病初期喷药防治。

防治措施

（1）**农业防治** 增施磷、钾肥和有机质肥料，控制氮肥用量，搞好干旱季节灌水和雨季排水，使梢、叶、果健壮，以增强树势，提高抗病力。合理修剪，使树冠通风透光，结合冬季修剪，及时剪除病枝、病叶和病果，并集中销毁。

（2）**化学防治** 嫩梢抽发3～7厘米时，喷施60%多菌灵·福双美可湿性粉剂1 000倍液或12.5%烯唑醇可湿性粉剂2 000倍液预防效果较好。冬季清园喷1～2波美度石硫合剂或200倍的50%硫悬浮剂。在初发病期喷施25%粉锈宁可湿性粉剂2 000～3 000倍液后，隔半个月再喷1次，防治效果良好。此外，还可选用70%甲基硫菌灵可湿性粉剂1 000倍液等。

柑橘树脂病

柑橘树脂病（Citrus diaporthe gommosis）广泛分布于世界各大柑橘栽培区，该病在我国各柑橘产区普遍发生，尤以冬春易遭冻害的地区发生较重。

柑橘树脂病

田间症状 该病主要为害柑橘枝干，导致流出褐色胶液。树干受害后，可产生流胶和干枯两种症状。流胶型症状在温州蜜柑、爱媛、红橘、甜橙等品种上表现较普遍，病斑多发生在主干及其分叉处，以及经常暴露在阳光的西南向和易遭冻害的迎风枝干。

最初皮层组织松软，灰褐色至深褐色，水渍状，溢出初为淡褐色胶液，胶液后变深褐色。高温干燥时，病情发展缓慢，病部逐渐干枯下陷，病健交界处开裂，死亡的皮层剥落，露出木质部，而病斑周缘形成愈伤组织而隆起。干枯型症状多发生在早橘、南丰蜜橘、本地早等品种上，病部皮层红褐色，干枯略下陷，微有裂缝，但不立即剥落，在病健交界处有一条明显的隆起界线，在适温和高湿条件下，干枯型可转化为流胶型。病害不仅发生在成年结果的大树上，也发生在刚栽种不久的小树上。最近浙江一些高接换种的品种柑橘“爱媛28”新生枝梢树脂病发生普遍，引起枯枝，带来损失很大。

在发病树皮上可见许多黑色小粒点，此为病菌的分生孢子器，在潮湿条件下小黑点上分泌出淡黄色胶质分生孢子团或卷须状分生孢子角。后期在同一病斑上可见黑色毛发状物，即为病菌的子囊壳。

枝干症状（李红叶　摄）

枝条枯死

发生特点

病害类型	真菌性病害
病　原	引起柑橘枝干流胶的病原很多，主要包括疫霉菌（*Phytophthora* spp.），以及柑橘间座壳菌（*Diaporthe citri*），还有葡萄座腔菌科中的*Neofusicoccum*、*Dothiorella*、*Diplodia*、*Lasiodiplodia*和*Neoscytalidium*属中的一些真菌也会引起流胶
越冬（夏）场所	病菌主要以菌丝体和分生孢子器在树干病部及枯枝上越冬.虽然子囊壳也可越冬，并引起初次侵染，但由于数量少，危害不大
传播途径	通过风雨特别是暴风雨和昆虫等媒介进行传播
发病原因	寒潮是诱发柑橘树脂病的主要原因，栽培管理措施与发病也有密切的关系，如对丰收后的柑橘树施肥不及时或施肥量不足，以致树势不能尽早恢复，可加剧发病。不同品种柑橘对树脂病的抗病性有差异，以温州蜜柑、甜橙和金柑发病较严重，其次为椪橘、朱红橘、乳橘和早橘，本地早较抗病

防治措施 柑橘树脂病的防治拟采取选择合适的地块种植，加强栽培管理，避免树体受伤为主，辅以药剂防治的综合防治措施。

(1) **选择合适的地块建园** 宜选丘陵山地或平地建园，以肥沃疏松的壤土或沙壤土最佳，海拔高度应控制在400米以下，坡向宜为南坡、东南坡和西南坡，在易发生冻害的地域应选择坡中段逆温层地带建园。在建园时，营造好防风林或设置防风网，可减少冻害的发生，从而减轻柑橘树脂病的发生和为害。

(2) **清除病源，给剪锯口消毒** 早春气温回升后结合修剪，剪除病虫枝、枯枝和徒长枝，集中烧毁。应避免在冬季低温来临前进行修剪。对剪锯口应及时喷药，一方面杀死残留在枯枝上的病菌，另一方面保护伤口，避免病菌从伤口侵入。药剂可用波美1度的石硫合剂等，大的剪锯口可用果树专用的伤口愈合剂、伤愈膏，如甲基硫菌灵糊剂和噻霉酮膏剂等。

(3) **加强栽培管理，提高树体抗病力** 冬季温度较低的地区，在气温下降前，对1 ~ 3年生的幼树进行培土或裹塑料袋、稻草防寒，对大树培土。霜冻前1 ~ 2周，果园应灌水1次，或于地面铺草，或堆草熏烟防冻。秋季或采收前后要及时适当增施肥料，以增强树势，提高抗冻能力。

(4) **树干刷白** 冬季冻害发生前，树干涂白可使树干温度变化比较平稳，减少冻害，从而减轻柑橘树脂病的发生和为害。

(5) **刮治和涂药** 春季彻底刮除老病斑，并用70%甲基硫菌灵或10%苯醚甲环唑等药剂消毒伤口，外涂伤口愈合剂。也可用利刃纵划病部，深达木质部，上下超出病组织约1厘米，划线间隔约0.5厘米，然后在5月和9月，每周1次，每个月涂药3 ~ 4次。药剂可选用70%甲基硫菌灵可湿性粉剂200 ~ 300倍液或60%腐殖酸钾（钠）30 ~ 40倍液。

柑橘褐斑病

柑橘褐斑病（Citrus brown spot）又称链格孢褐斑病（Alternaria brown spot）。目前我国在云南、重庆、浙江、福建、湖南、云南、广东、广西、四川和贵州等省份有分布。

田间症状 柑橘褐斑病主要为害特定种质的宽皮柑橘以及杂柑。病害贯穿整个柑橘生长期，而又以新梢抽发期和幼果期受害最重。

尚未完全展开的嫩叶发病，病斑褐色，细小，中央少数细胞崩解，变透明或脱落，周围褐色，外围黄色晕圈不明显，病斑密集时，嫩叶很快脱落。展叶后的叶片发病，病斑褐色，不规则形，大小不等，周围有明显的黄色晕圈，褐色坏死常沿叶脉上下扩展，因此病斑常呈拖尾状，病叶也极易脱落。嫩梢发病，很快变黑褐色萎蔫枯死，木质化后的新梢发病形成深褐色下陷的坏死病斑。刚落花的幼果和转色后的果实均可发病。幼果发病形成凹陷的黑褐色斑点，病果很快脱落。膨大期或转色后的果实发病产生褐色凹陷病斑，中间渐变白色，周围有明显的黄色晕圈，病果大多脱落或失去商品性。此外，病菌侵害果实时还可产生木栓化愈合，微隆起，灰白色的痘疮状病斑，突起部用指甲擦之即可脱落。

叶部症状

新梢症状

果实症状（李红叶、程兰和蔡明段　摄）

发生特点

病害类型	真菌性病害
病　　原	交链格孢菌致病型（*Alternaria alternata* pathotype *tangerine*），属半知菌类，丝孢纲，丝孢目，链格孢属 柑橘褐斑病菌的分生孢子形态（梅秀凤　摄）
越冬（夏）场所	病菌以菌丝和分生孢子在病组织（叶片、枝梢和果实）上越冬

（续）

传播途径	气流传播
发病原因	病菌完成侵染需要适宜的温度和高湿条件。病菌侵染适温为20 ~ 29℃。病菌侵染还与品种的感病性相关，对于高感品种，当温度在20 ~ 29℃范围内，只要叶片持续6小时湿润即可完成侵染。相反，与贡柑、瓯柑同处一果园的温州蜜柑、脐橙、琯溪蜜柚、柠檬、砂糖橘、年橘等抗性品种均不发病
病害循环	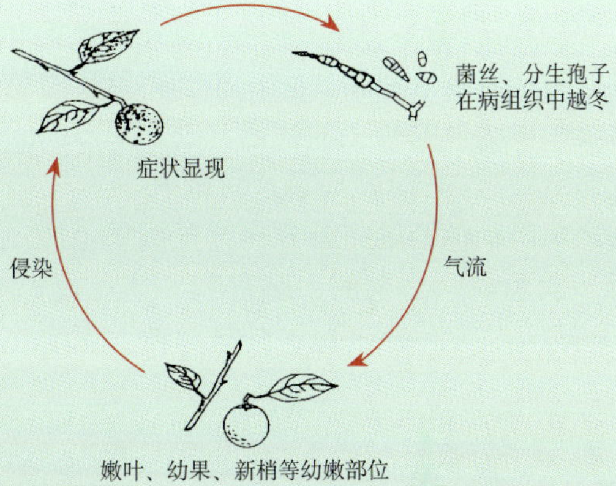 菌丝、分生孢子在病组织中越冬 气流 嫩叶、幼果、新梢等幼嫩部位 侵染 症状显现

防治适期 春梢生长期和幼果期。

防治措施 柑橘褐斑病防治拟采取种植抗病品种为主，加强栽培管理，结合及时喷药保护的综合防治措施。

（1）**种植抗病品种和品种更新** 国内研究发现红橘、塘房橘、瓯柑和贡柑高度感病，椪柑、默科特、天草、马水橘和紫金春甜橘中度或轻度感病，而橙类、柚类、温州蜜柑、本地早、南丰蜜橘、砂糖橘等则高度抗病。因此，在病区，新发展果园应避免种植高度感病品种，对已经严重发病的品种可考虑高接换种。

（2）**果园选址** 育苗地应选择远离病果园，并从无病树上采接穗，进行繁殖。新发展果园应选择无病的健康苗木种植。新建的果园，种植易感病品种应选择在地势较高、通风透光良好的地块种植，注意合理密植。

（3）**降低果园湿度** 对于现有的、通风不良郁闭的果园，要通过间伐、大枝修剪，开沟挖渠，改善排水系统等措施降低果园的湿度，以减轻病害发生。

（4）**加强树体管理** 避免过度灌溉和偏施氮肥，增施钾和钙肥，以增强树势，提高树体的抗病能力，并促进新梢抽发整齐和快速成熟，缩短感病期。

（5）**清洁果园，减少初侵染源** 柑橘采收后，最迟可在春梢萌芽前，剪除枯枝、病虫枝，移出果园集中烧毁，同时全树冠喷1次1波美度的石硫合剂或45%晶体石硫合剂100倍液，以减少越冬病菌和初侵染源。

（6）**化学防治** 病害防治的重点是新梢和幼果期，第一次用药（最为关键）时间掌握在春梢长约3厘米时，以避免来自越冬菌源的感染，同时尽可能铲除老叶病斑上的病菌，减少果园内的侵染源数量；第二次用药掌握在落花2/3左右时，此后，每隔10天左右喷药1次，直到春梢老熟。用于褐斑病防治的药剂主要包括：亚铜氧化剂、氯铜氧化物、代森锰锌、丙森锌、代森联、异菌脲、腐霉利、速克灵、咪鲜胺、腈菌唑、苯醚甲环唑、醚菌酯、吡唑醚菌酯、啶酰菌胺、噻呋酰胺、吡噻菌胺等。

温馨提示

一般品种当果实停止增大时，抗性增加，可停止用药，但对于特别感病的品种，如红橘，果实接近成熟时仍然感病，9月后仍然需要喷药保护。

柑橘灰霉病

柑橘灰霉病（Citrus gray mould）在世界各柑橘产区均有分布。

田间症状 柑橘灰霉病可为害柑橘幼苗、嫩叶和幼梢，引起坏死和腐烂，但影响较大的是病菌为害花瓣，可引起幼果脱落或果皮产生疤痕。花瓣发病最初产生水渍状褐色小圆点，后迅速扩大呈黄褐色软腐，长出灰褐色霉层。病菌也可从花瓣蔓延至萼片和果柄，致使幼果脱落。病菌侵染成熟果实，初生淡褐色水渍状斑点，后扩大呈褐色软腐，腐烂果实表面很快长出鼠灰色霉层，失水干枯变硬。

果皮疤痕症状（朱丽　摄）

叶部症状　　花器症状

发生特点

病害类型	真菌性病害
病　　原	病原为灰葡萄孢菌（*Botrytis cinerea* Pers.），属子囊菌无性型葡萄孢属真菌，有性型为富克葡萄孢盘菌［*Botryotinia fuckeliana*（deBary）Whetzel］ 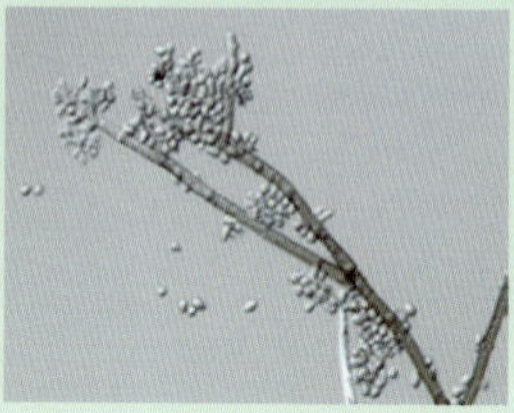 柑橘灰霉病菌的形态（朱丽　摄）
越冬（夏）场所	病菌以菌核或分生孢子在土壤或病残体上越冬、越夏
传播途径	气流传播
发病原因	花期的低温阴雨是诱发花瓣灰霉病和果皮疤痕的主要因素。每当花期遇寒流，阴雨绵绵，花期延长，花瓣灰霉病通常发生严重，病害从花瓣蔓延及果实，造成幼果脱落增多，受侵染而未脱落果实则留有疤痕 造成果园和树冠内郁闭，通风不良，湿气排放不畅，也有利病害的发生
病害循环	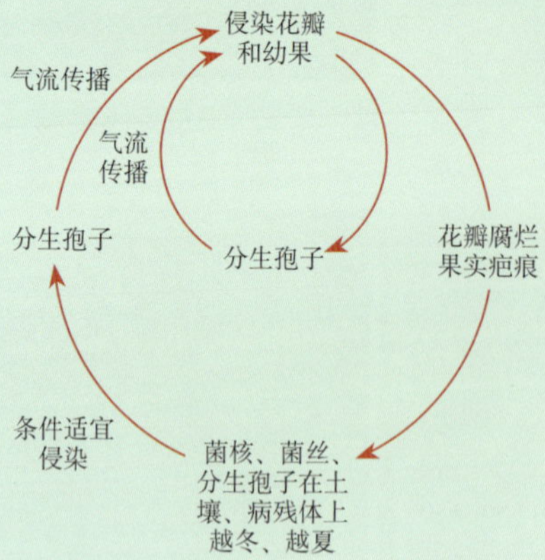 侵染花瓣和幼果 花瓣腐烂果实疤痕 菌核、菌丝、分生孢子在土壤、病残体上越冬、越夏 条件适宜侵染 分生孢子 气流传播 分生孢子 气流传播

防治适期 初花期结合其他病害防治喷洒药剂，花期遇阴雨或多露天气，应及时抢晴天喷药保护。

防治措施

（1）**谢花期人工落花**　谢花期，可摇动树枝，促使花瓣脱落。

（2）**化学防治**　初花期结合其他病虫害防治添加二甲酰亚胺类杀菌

剂，如异菌脲、速克灵等；或添加苯胺基嘧啶类杀菌剂，如嘧霉胺、嘧菌环胺、咯菌腈等杀菌剂防治灰霉病。

（3）**加强果园管理** 合理密植、修剪，做好果园开沟排水工作，保证果园通风透光良好，以便雨后的湿气或露水能及时排放。

柑橘黑点病

柑橘黑点病（Citrus melanose）又称柑橘砂皮病（Sand paper rust），在世界各柑橘产区均有发生，以多雨潮湿的亚热带发生较重。近年来，该病在中国柑橘产区发生逐年加重，发病面积也逐年增加，严重影响鲜销果实的外观品质和销售价格。

田间症状 柑橘黑点病主要为害果实、幼叶和新梢。幼叶发病最初出现

叶部症状（宋震 摄）

新梢症状

水渍状小点，随后，病斑中央变褐坏死、突起，色泽逐渐变红褐色、深褐色或黑色。随着病情的发展，黄色晕圈消失，斑点突起愈加明显，变硬，摸之有沙粒的感觉，故也称“沙皮病”。果实感病后果皮粗糙，严重时果皮僵硬，甚至开裂，果实畸形。病害严重流行年份果皮上可见条带状斑块，也称“泪痕型”或“泥浆型”大面积病斑。

果实症状（李红叶 摄）
A-D.幼果症状 E-H.成熟果实症状

发生特点

病害类型	真菌性病害
病　原	最近研究发现，除了柑橘间座壳菌（*Diaporthe Citri* F.A.Wolf），还有十余种间座壳菌与柑橘病害相关，而*D.citri*是柑橘黑点病的主要种群，也是中国柑橘黑点病菌的唯一种群，在西班牙、意大利和加利福尼亚发现*D. cytosporella*能引起柑橘黑点病，阿根廷、澳大利亚、新西兰、欧洲、南非和加利福尼亚发现*D. foeniculina*也能引起柑橘黑点病 柑橘黑点病菌的培养性状和形态特征 A.菌落特征　B.分生孢子梗　C.α型分生孢子
越冬（夏）场所	病菌在病枯枝上生长、繁殖、越冬
传播途径	主要通过雨水和气流传播。引发的病害在田间和树冠中的随机分布
发病原因	果园的枯枝数量与病害流行程度密切相关，而果园的立地条件、栽培管理水平和柑橘的树龄直接影响树势和枯枝数量，从而影响柑橘黑点病的流行。而气候因素直接影响病菌的生长、繁殖和侵染，进而影响病害的流行
病害循环	分生孢子　雨水传播　气流传播　子囊孢子　产孢细胞和分生孢子梗　子囊和子囊孢子　遇水后开孔　子囊壳　分生孢子器　有性态　无性态　植株染病 （引自柴思睿　2018）

防治适期 谢花开始到幼果期喷药防治。

防治措施 以加强栽培管理、减少果园枯枝产生和及时清理枯枝为主，及时喷药保护为辅的综合治理措施，最有效药剂为代森锰锌，使用浓度为80%代森锰锌可湿性粉剂600倍液，其次为0.5%～0.8%石灰等量式波尔多液。

柑橘脂点黄斑病

柑橘脂点黄斑病（Citrus greasy yellow spot）又名柑橘黄斑病（Citrus yellow spot）和柑橘脂斑病（Citrus greasy spot），在世界各柑橘产区均有分布，尤以佛罗里达和加勒比海地区发病最重，严重时产量损失可达25%以上。近年来，该病在我国发生较重，主要分布在四川、重庆、云南、贵州、浙江、江苏和台湾。

柑橘脂点黄斑病

田间症状 该病主要为害叶片，引起大量落叶，从而影响树势，降低坐果率，果实变小，严重时可引起植株的死亡。病菌也为害果实，在果皮上形成油脂斑而影响其外观品质。该病可分脂点黄斑型和褐色小圆星型，以及两者兼有的混合型。

黄斑型：主要发生在春梢叶片上，受害叶片初期在叶背面产生针头大小的黄绿色小点，对光透视呈半透明状，后扩大成圆形或不规则形黄色斑块。随着菌丝在叶片组织中的生长，细胞膨胀，向叶背突起成疱疹状淡黄色小粒点，几个乃至数十个群生在一起。随着病斑的扩展和老化，小粒点颜色加深，形成坚硬而粗糙的脂点或脂斑。与脂斑相对应的叶片正面病斑起初蜡黄色，不规则形，边缘不明显。病斑在病叶上的分布不规则，常集中在病叶的一侧，有时甚至只发生在叶片某一侧的边缘。症状因寄主感病性不同而存在差异，在柠檬和粗柠檬等高感柑橘上，症状出现早，病斑呈扩散状，保持黄色，在形成黑褐色颗粒状突起前叶片就脱落。葡萄柚、常山胡柚、琯溪蜜柚、沙田柚和文旦柚等感病品种上病斑较为限制，后期形成黑褐色颗粒状突起。较抗病的脐橙和宽皮柑橘，病斑较小，色泽更深，突起更明显。

褐色小圆星型：通常发生在秋梢叶片上，受害叶片初产生芝麻大小

的斑点，后扩大成圆形或椭圆形，病斑直径0.1 ~ 0.5厘米，边缘黑褐色，稍隆起，中间渐变灰白，散生黑色小茸点。

叶部症状

果实症状（朱丽、李红叶 摄）

发生特点

病害类型	真菌性病害
病　　原	病原在地区间可能存在差异，在中国主要是柑橘球腔菌（*Mycosphaerella citri* Whiteside），属子囊菌门、座囊菌纲、煤炱目、球腔菌科、无性阶段为柑橘灰色平脐疣孢菌（*Zasmidium citri-griseum*） 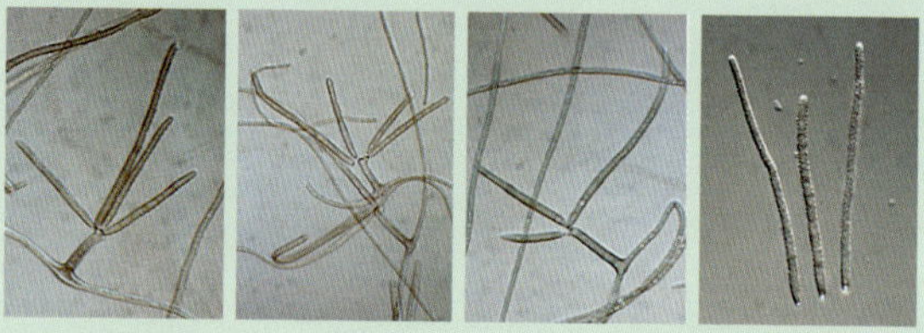 柑橘脂点黄斑病的病原菌形态（引自J.Z. Groenewald）
越冬（夏）场所	病菌多以菌丝体在树上病叶、病枝或落地病叶中越冬
传播途径	风雨传播
发病原因	柑橘脂点黄斑病的发生程度与降水量无关，但与降水频率、灌溉（特别是喷灌）有关。每年6～7月是病菌侵染的主要季节，其他季节，只要雨水充足，子囊果也可释放子囊孢子侵染为害 所有柑橘品种均感病，但品种间对脂斑病的抗性差异较大，葡萄柚、柠檬较感病，甜橙较抗病。在管理粗放、树势衰弱的老柑橘园发病较重，可造成大量落叶 病害发生与螨和昆虫为害相关。锈螨发生严重的果园往往柑橘脂点黄斑病发生较重，使用杀螨剂控制锈螨的数量，可减轻柑橘脂点黄斑病的发生，具体相互作用机理尚不清楚
病害循环	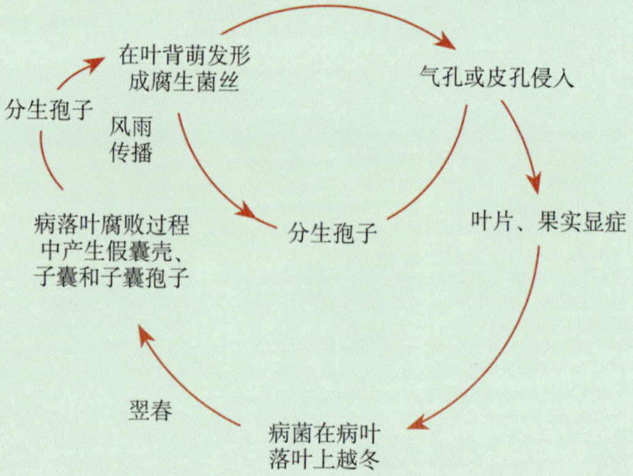 在叶背萌发形成腐生菌丝 气孔或皮孔侵入 叶片、果实显症 病菌在病叶落叶上越冬 翌春 病落叶腐败过程中产生假囊壳、子囊和子囊孢子 分生孢子 风雨传播 分生孢子

防治适期 病菌孢子萌发后并不立即侵入寄主组织，这一特性为药剂防治提供了极为有利的条件。病菌在未产生侵入丝前或寄主未形成气孔前喷雾保护剂可有效防治该病。即叶片展开前夕至叶片老熟期和幼果期。

防治措施

（1）**加强果园管理** 合理施肥，多施有机肥，避免偏施氮肥，以增强树势，提高抗病性。有条件时，结合施肥，在冬季或早春翻耕土壤，以促进新根生长。合理密植，合理修剪，注意开沟排水，以改善果园通风透光条件，促使雨后能及时排出湿气，降低树冠内的湿度。及时清除病落叶，地面撒施石灰可减少侵染源。加强对锈螨、蚜虫和粉虱等害虫的防治，对减轻本病具有重要作用。

（2）**清洁果园** 秋季发病、落叶严重的橘园，于采果后，结合翻耕施肥，将病叶埋入土下。冬、春季发病落叶严重的橘园，应及时清除病落叶，集中深埋或烧毁，以减少侵染源，减轻发病。

（3）**化学防治** 发病轻的果园，5月下旬至6月中旬，喷药1次，以保护春梢，即可有效控制病害发展；一般发病果园，7月中旬再加喷1次；重病果园或生产果实鲜销的果园，可在8月中再加喷1次。可采用的有效药剂如波尔多液、氢氧化铜、咪鲜胺、咪鲜胺锰盐、嘧菌酯、醚菌酯等。

易混淆病害 柑橘脂点黄斑病黄斑中部聚生针头大小淡黄褐色的半透明油浸状疹状小粒点，随叶片长大小粒点逐渐变黄褐色至黑褐色。与此同时，叶片正面也出现淡黄色疹状小粒点。人们容易把上述症状误认为是柑橘溃疡病初期症状。但不同之处是，柑橘脂点黄斑病病斑上出现的疹状小点仅在黄斑中心聚集生长，并不继续扩大或愈合成大斑，也不在同一病斑上穿透叶的两面同时突起，而是先在叶背面生长，再在叶正面出现小粒点。

柑橘黑腐病

柑橘黑腐病（Citrus black rot）又名黑心病，是柑橘贮藏期主要病害之一，在世界各柑橘产区均有发生，其严重性因地区、品种和年份而有所不同。一般认为在冬季凉爽潮湿，夏季炎热干燥的地中海气候特征的柑橘产区发生更普遍。

田间特征 柑橘黑腐病主要发生在成熟期和贮藏期。脐橙的黑腐病在果园即可发生，而在橘类及杂柑上则主要发生在成熟期和贮藏期，常见黑心型和黑腐型两种症状。黑心型早期外部无明显症状，后期在果蒂部或果脐部可见浅灰色的病斑。剖开果实可见从心室开始逐渐向囊瓣扩展、腐烂，中心柱空隙处长有大量墨绿色的茸霉状物，即病菌的菌丝、分生孢子梗和分生孢子。黑腐型病菌从果皮伤口侵入，开始时出现水渍状淡褐色病斑，扩大后病斑中央凹陷，长出初为灰白色，很快变墨绿色的霉层，病菌很快进入囊瓣，引起腐烂，果肉味苦，不能食用。黑腐型在温州蜜柑上发生较多。

柑橘黑腐病症状（李红叶　摄）
A.成熟期症状　B-D.贮藏期症状

发生特点

病害类型	真菌性病害
病　　原	柑橘黑腐病的病原曾经被定为柑橘链格孢菌（*Alternaria citri* Ell. et Pierce）。根据最新的资料，Peever 等认为柑橘黑腐病的病原为交链格孢菌（*A. alternata*），其与柑橘褐斑病菌的区别主要体现在柑橘褐斑病菌可产生寄主专化性毒素，而柑橘黑腐病菌不能
越冬（夏）场所	病菌以菌丝体和分生孢子在果实、枝梢和叶片上腐生、越冬
传播途径	气流传播
发病原因	柑橘黑腐病的发生与品种关系密切，橙类发病轻，宽皮柑橘如温州蜜柑、椪柑、南丰蜜橘、福橘和红橘等发病重。干旱有利于病菌在柑橘果面的定殖，易发病。栽培管理粗放，树势衰弱，或果实遭日灼、虫伤、机械伤等，易遭病菌侵入。贮藏期温度较高，易引发病害
病害循环	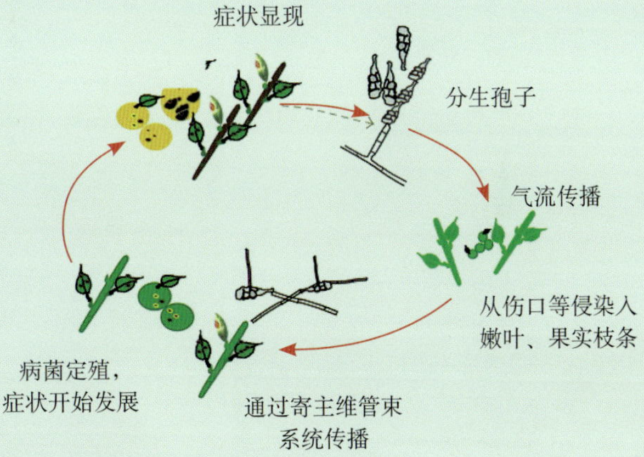

防治适期 在谢花后，幼果期及发病初期喷药防治。

防治措施 一般生长期柑橘黑腐病的防治与柑橘疮痂病、柑橘黑点病（沙皮病）、柑橘褐斑病和柑橘炭疽病结合，采后防治与柑橘绿霉病和柑橘青霉病结合。

（1）**清理病果** 及时摘除及捡除园内病果，并集中销毁，做好清园工作。

（2）**喷药保护**　药剂可选用70%甲基硫菌灵可湿性粉剂800倍液或多菌灵可湿性粉剂600倍液，每隔7～10天喷1次，连喷2～3次。

（3）**合理施肥**　控制氮肥，增施磷、钾肥，多施有机肥。

柑橘褐色蒂腐病

柑橘褐色蒂腐病（Citrus brown stem-end rot）是一种柑橘贮藏期真菌性病害，在世界各柑橘产区均有发生，尤以管理粗放、冬季易遭冻害，柑橘树脂病和柑橘黑点病发病严重地区发生重。

田间症状　该病发病从果蒂开始，环绕果蒂出现水渍状淡褐色病斑，逐渐向果心、果肩和果腰扩展，逐渐变为褐色至深褐色，边缘呈波纹状。病果内部腐烂，较果皮腐烂快，有“穿心烂”之称。剖视病果，可见白色菌丝沿果实中轴扩展，并向囊瓣和果皮的白皮层扩展，果味酸苦，不能食用。

果实症状（李红叶、蔡明段　摄）

A.不知火果皮病斑呈波纹状，其上有白色菌丝　B.甜橙果蒂和果脐果皮均已变色，果皮病斑呈波纹状　C.病果剖面，果实内部的白色菌丝　D.冰糖橙果脐部位腐烂（又称为“穿心烂”）

发生特点

病害类型	真菌性病害
病　原	病原为柑橘间座壳菌 [*Diaporthe citri* (Faw.) Wolf]，与柑橘树脂病和柑橘黑点病的病原相同
越冬（夏）场所	以菌丝、分生孢子器和分生孢子在病枯枝和病树干的树皮上越冬
传播途径	通过雨水和气流传播
发病原因	参见柑橘树脂病和柑橘黑点病
病害循环	参见柑橘树脂病和柑橘黑点病

防治适期 参见柑橘树脂病和柑橘黑点病。

防治措施

（1）**加强栽培管理** 合理施肥，多施有机肥，避免偏施氮肥，以增强树势，结合修剪，减少枯枝，减少侵染来源。

（2）**化学防治** 结合柑橘黑点病、柑橘疮痂病和柑橘炭疽病等喷药防治；采后处理一般结合柑橘绿霉病和柑橘青霉病进行，通常使用50%抑霉唑乳油1 000 ～ 2 000倍液或25%咪鲜胺乳油500 ～ 1000倍液，加50 ～ 100毫克/升的2，4-D浸果处理。也可以在采收前进行树冠喷施。

柑橘苗木立枯病

柑橘苗木立枯病（Damping-off of citrus seedlings）是柑橘幼苗期的重要病害，在世界柑橘产区普遍发生，造成苗木猝倒和大量死亡。

田间特征 田间有三种常见症状：①青枯。最为典型，病苗靠近土表的基部缢缩、变褐色腐烂，叶片凋萎不落。②枯顶。幼苗顶部叶片染病，产生圆形或不定形淡褐色病斑，并迅速蔓延，至叶片枯死。③芽腐。感染刚出土或尚未出土的幼苗，使病芽在土中变褐腐烂。

柑橘苗木立枯病症状（李太盛、蔡明段　摄）
A.青枯　B、C.枯顶

发生特点

病害类型	真菌性病害
病　　原	由立枯丝核菌（*Rhizoctonia solani* Kuhn）为主的多种真菌引起，国内已证实的病原菌有立枯丝核菌和柑橘寄生疫霉［*P. citrophthora*（R.E.Sm. & E.H.Sm）Leonian］
越冬（夏）场所	病原以菌核及菌丝体在土壤中或病残体上越冬
传播途径	通过水流、土肥或管理工具传播
发病原因	高温多湿是该病发生的基本条件，一般5～6月雨之后突然晴天，容易造成该病大发生。不同柑橘种类对该病的抗病性有差异，柚、枳、枸头橙的抗病性较强，而酸橘、红橘、摩洛哥酸橙、粗柠檬、香橙、土柑、金柑、甜橙、柠檬均感病。此外，病情有随苗龄增长而减弱的趋势，苗龄60天以上时，不易感病

防治适期

发病初期，发现病株，立即拔除、销毁。

防治措施

（1）**优选苗圃地及轮作**　选择地势高、排灌方便，土质疏松的肥沃沙壤土育苗。苗圃地可以采取旱－旱轮作或水－旱轮作，也可采用不同种类作物轮作。

（2）**土壤消毒**　播种前用95%棉隆粉剂50克/米^{2}处理时，防治效果约达91%。采用40%甲醛水溶液200倍液、25%咪鲜胺乳油500倍液、80%

代森锰锌可湿性粉剂500倍液等药剂，稀释喷淋土壤，也能有效预防立枯病。

（3）**药剂防治** 当苗木长出三片叶时，可用70%敌磺钠（敌克松）可溶性粉剂500倍液或50%多菌灵可湿性粉剂500倍液喷洒进行预防性防治，每周1次，连喷3次，注意药物的交替使用。及时拔除病株，并把病株周围土壤清理出去，用药进行灌根，以防立枯病蔓延。

柑橘绿霉病

柑橘绿霉病（Citrus blue mold）是世界柑橘种植区的主要病害之一，在我国柑橘产区普遍发生且发病率较高，造成柑橘果实腐烂，损耗率可达25%～30%。

柑橘绿霉病

田间症状 发病初期果皮软腐，水渍状，略凹陷，色泽比健果略淡，组织柔软，以手指轻压极易破裂。之后在病斑表面中央，开始长出白色霉状物，菌丝体迅速扩展成为白色圆形霉斑，接着又从霉斑的中部，长出绿色的粉状霉层（分生孢子和分生孢子梗）。整个病斑可见明显的霉层，内层为绿色、外层为白色，最外层白霉与健康部交界处变色部分为水渍状，腐烂部分为圆锥形深入果实内部，潮湿时全果很快腐烂，在果心及果皮的疏松部分亦有霉状物产生，在干燥条件下果实干缩成僵果。

果实症状

（王日葵、蔡明段 摄）

发生特点

病害类型	真菌性病害
病　　原	病原为指状青霉菌（*Penicillium digitatum* Sacc.），属子囊菌无性型青霉属真菌，其寄主范围较窄，通常仅能侵染柑橘果实  柑橘绿霉病菌菌丝和分生孢子（朱从一　摄）
越冬（夏）场所	病菌腐生在各种有机物上
传播途径	通过气流或接触传播，经各种伤口及果蒂剪口侵入柑橘果实
发病原因	在雨后、重雾或露水未干时采收的果实，果面湿度大，果皮水分含量高，易发病。在果实采收、分级、装运及贮藏过程中，如处理不当，使果实受伤，增加感病概率，伤口愈深、愈大，愈易染病。在柑橘贮藏过程中，未完全成熟的果实对病菌的抵抗力较充分成熟的果实强，贮藏后期的柑橘果实生理机能衰弱，比较容易受侵害
病害循环	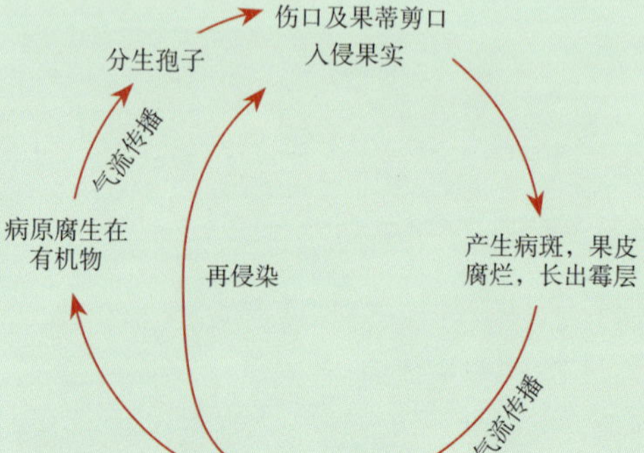 伤口及果蒂剪口入侵果实 产生病斑，果皮腐烂，长出霉层 气流传播 分生孢子 再侵染 病原腐生在有机物 气流传播 分生孢子

防治适期 采前15天喷药，采后当天浸果处理。

防治措施

（1）**采前综合防治** ①加强栽培管理，增强树势，提高树体的抗病力。②冬季清洁果园，除去杂草，剪去病枝，清理地面枯枝落叶，发现病果随时摘除，集中深埋或烧毁，减少菌量。③冬季用波美石硫合剂或300倍液的硫黄胶悬剂喷洒2～3次，抑制或杀灭病菌。④采收前15天用50%甲基硫菌灵可湿性粉剂1 000倍液或50%代森铵可湿性粉剂500倍液交替防治，能有效地控制病害的发生和蔓延。

（2）**采后化学防治** 柑橘采收后，及时使用化学防腐剂浸果可以防腐保鲜，最好采后当天处理，最迟不能超过3天。常用的化学防腐剂有苯菌灵（500毫克/升）、噻菌灵（1 000毫克/升）、抑霉唑（500毫克/升）、咪鲜胺（500毫克/升）、双胍辛烷苯基磺酸盐（百可得）（1 000毫克/升）以及仲丁胺（0.1%浸洗，0.1毫升/升熏蒸）。

（3）**改善贮藏条件** 控制适宜的温度、湿度，甜橙和宽皮柑橘贮藏库内适宜温度为5～8℃，柚类为5～10℃，柠檬为12～15℃。甜橙、柠檬相对湿度为90%～95%，宽皮柑橘、柚类湿度为85%～90%。进行薄膜单果包装，可防止病果与健康果的接触感染，减少病害的发生。

柑橘褐腐病

柑橘褐腐病

柑橘褐腐病（Citrus brown rot）又叫柑橘疫霉褐腐病，在柑橘产区普遍发生，引起果实腐烂，一般年份果实发病率2%～5%，在雨水过多的年份或管理差、树势弱的果园，果实发病率可达20%～30%。该病在柑橘生长期、成熟期、贮运中均可发病，在贮藏期传染甚速，严重时在窖内可以使全窖腐烂，在木箱内全箱腐烂。

田间特征 柑橘果实受感染后，表皮发生污褐色至褐灰色的圆形斑，后迅速扩展并呈圆形黑褐色水渍状湿腐，很快蔓延至全果，病斑凹陷，病健部分界明显，只侵染白皮层，不烂及果肉。病果有强烈的皂臭味，在干燥条件下病果皮质地坚韧，在潮湿时病斑则呈水渍软腐，长出的茸毛状菌丝。

果实症状（王日葵、蔡明段　摄）

发生特点

病害类型	真菌性病害
病　　原	病原为疫霉属（*Phytophthora* spp.）真菌侵染引起，已确认的病原种有：柑橘褐腐疫霉［(*P. citrophthora*（R. et E. Smith）Leon）］、柑橘生疫霉（*P. citricola* Saw）、烟草疫霉（*P. nicotianae* Bread de Haan）和寄生疫霉（*P. parasitica* Dastur）
越冬（夏）场所	病菌以菌丝体和厚垣孢子在病组织或土壤中越冬
传播途径	果园病菌通过雨水和气流传播，在贮藏库中，病菌主要通过与病果的接触传播
发病原因	病害的发生与流行程度与气候条件、果园荫蔽度、地势及品种等关系密切。通常在幼果期遇高温多雨和果实成熟前出现两次发病高峰。荫蔽、通风透光差的果园易发病。一般水田果园、低洼果园、沙坝地果园及平地果园比山地果园容易发病，偏施氮肥果园也易发病。柑橘贮藏期的褐腐病发生主要受果实带病率影响，如果实采前带病率高，贮藏期发病率也高

防治适期 采后，在5～6月和8～9月发生高峰期，特别是连续几天降雨时，应在雨停后第2天立即喷药。

防治措施

（1）**采前综合治理** ①园地选择地下水位较低或山坡地，避免在低洼积水的地方建园，建好果园排灌系统以便及时排除积水。②合理修剪，使树势平衡，保持果园通风透光。③在5～6月、8～9月发病高峰前地面撒施生石灰，每亩用30～50千克进行果园消毒，杀灭地表病菌，减少病原。

（2）**采后化学防治** 采果后，及时清除病虫枝，烧毁或深埋。在防治适期喷药，药剂可选用80%代森锰锌可湿性粉剂500～600倍液、58%瑞毒霉锰锌可湿性粉剂700～800倍液、30%氢氧化铜600～700倍液、80%三乙膦酸铝700～800倍液、12%绿乳铜600～700倍液或72%霜脲·锰锌600～800倍液，做到树冠与地面同时喷，隔7天再喷1次，共喷2次。贮藏期间，首先做好库房消毒，可每立方米库房体积10克硫黄粉和1克氯酸钾，点燃熏蒸杀菌24小时。果实采收后当天，用咪唑类的抑霉唑或咪鲜胺溶液浸洗。

（3）**改善贮藏条件** 参照柑橘绿霉病。

柑橘酸腐病

柑橘酸腐病（Citrus sour rot）在中国柑橘产区普遍发生，特别是冬季气温较高的地区，是柑橘贮运中最常见、最难防治的病害之一，造成柑橘果实腐烂，发病率一般为1%～5%，有时可达10%。

柑橘酸腐病

田间症状 柑橘酸腐病一般发生于成熟的果实，特别是贮藏较久的果实。病菌从伤口或果蒂部入侵，病部首先发软，变色为水渍状，极柔软。若轻按病部，易压破，外表皮更易脱离，病斑扩展至2厘米左右时稍下陷，病部长出白色、致密的薄霉层，略皱褶，为病菌的气生菌丝及分生孢子，后表面白霉状，果实腐败，流水，产生酸臭味。不同种类的柑橘果实，酸腐病症状有差异，对病菌侵染的敏感性不同，以柠檬、酸橙最感病，橘类、甜橙次之。

果实症状

发生特点

病害类型	真菌性病害
病　　原	酸腐病菌有性世代为酸橙乳霉（*Galactomyces citri-aurantii* E. E. Butler），无性世代为酸橙地霉［*Geotrichum citri-aurantii* (Ferr.) Butler］
越冬（夏）场所	该菌广泛分布于土壤内，甚至空气中也可采集到
传播途径	病菌分生孢子借风雨传播，病原菌主要通过3种方式入侵果实：一是通过机械损伤伤或虫害造成的伤口；二是通过自然开放的气孔、皮孔部位；三是通过分泌寄主细胞壁水解酶等直接破坏果实表皮的防御机制
发病原因	成熟度、伤口和带菌量是柑橘采后致病的关键因子

防治适期 采后3天内浸果处理。

防治措施

（1）**采前综合防治** ①加强害虫防治，做好病虫害预测预报，防治要及时。在栽培管理过程中防止果实机械伤，避免果面产生伤口。②采收前15天用双胍辛烷苯基磺酸盐（百可得）（1 000毫克/升）等药剂喷树冠，控制病害的发生和蔓延。③发现病果及时摘除，集中深埋或烧毁，减少病菌。

（2）**采后防治** 规范采收，果实在贮运过程中轻拿轻放、防止碰撞和挤压，避免果实受伤。柑橘采收后，用醋酸双胍盐500毫克/升或双胍盐类的双胍辛烷苯基磺酸盐（百可得）（1 000毫克/升）或1%～2%邻苯酚钠溶液浸洗果实，处理要及时，最好采后当天防腐保鲜处理，最迟不能超过3天。

（3）**改善贮藏条件** 参照柑橘绿霉病。

柑橘黑斑病

柑橘黑斑病（Citrus black spot）主要分布在夏季湿热多雨的地区。非洲、大洋洲、亚洲、西南太平洋岛国都有该病的出现。我国的福建、广东、广西、四川、云南、重庆、浙江、香港等柑橘产区均有发生。

柑橘黑斑病是世界性重要真菌病害，已被欧洲和地中海区域植物保护委员会（EPPO）和加勒比和区域植物保护委员会（CPPC）列入禁止入境的A1类有害生物名单；被亚洲及太平洋区域植物保护委员会（APPPC）和国际植物保护公约（IPPC）列为A2类有害生物名单。柑橘黑斑病给中国柑橘产业也造成了极其严重的损失。近年来，福建省平和县琯溪蜜柚种植区柑橘黑斑病发病率在10%～15%，严重的达到30%以上，严重影响柚果出口。

田间症状 柑橘黑斑病以为害果实为主，亦为害叶片和嫩梢。在中国主要表现为黑星型和黑斑型两种症状。其中，黑斑型通常在果实完全成熟或者温度上升时产生，初生黄色小斑，在温暖的环境下扩展成直径1～3厘米不规则的黑色大病斑，病斑中央凹陷产生分生孢子，周围呈棕色或砖红色，扩展迅速，后期逐渐转为褐色至黑褐色，多个病斑连成黑色的大病斑，在6℃下储藏2个月后病斑可扩大蔓延至全果，深入果肉使全果腐烂，瓤瓣变黑，干缩脱水后如炭状，亦称毒斑型、恶性斑；黑星型常出现于果实由绿变黄时，产生直径1～6毫米圆形或不规则的灰褐色至灰白色病斑，病斑有明显的界线，四周稍隆起，中央凹陷散生黑色小粒点，病斑散生不连成片，只为害果皮，不侵入果肉。

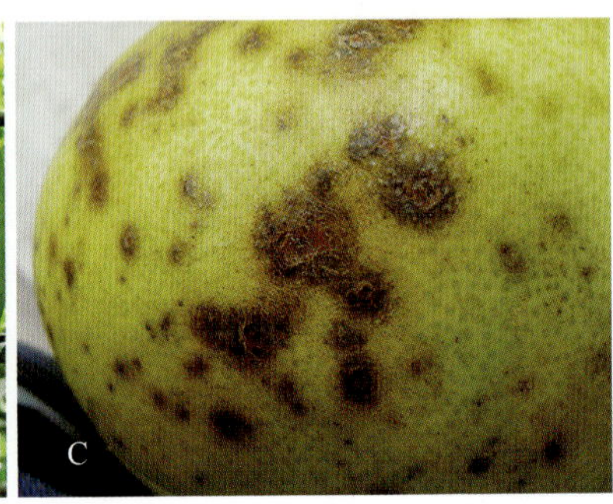

果实症状（胡军华、蔡明段　摄）
A、B.黑星型　C.黑斑型

发生特点

病害类型	真菌性病害
病　原	病原为柑果茎点霉蜜柑变种（*Phoma citricarpa* var. *mikan* Hara） 柑橘黑斑病菌菌落、孢子和菌丝形态（7天）（胡军华　摄）
越冬（夏）场所	病菌以子囊果、分生孢子器及菌丝体在病组织上越冬
传播途径	病菌借风雨及昆虫传播，子囊孢子主要通过弹射机制进行传播
发病原因	病菌子囊孢子释放量与叶面湿度有显著相关性，病害发生严重度与降水量高度相关，而病菌子囊孢子释放量和病害严重度与果园温度不相关；树势越弱、树龄越小，越易发病；当果实接近成熟，果皮由绿色变为黄色时，发病程度加重；光照下病斑比在黑暗状态下发展要快；干旱影响症状的发生，干枯的橘树比不干枯的橘树发病重；管理粗放，果树密度大，不通风的果园发病较重；感病植株的分散程度越高，柑橘黑斑病的发病率越高

（续）

病害循环	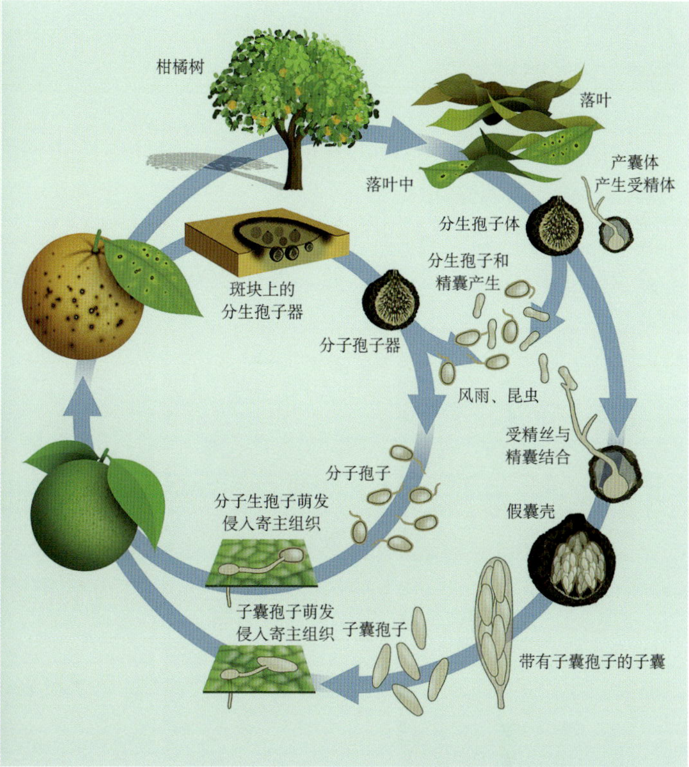 柑橘树 落叶 落叶中 产囊体 产生受精体 分生孢子体 分生孢子和 精囊产生 斑块上的 分生孢子器 分子孢子器 风雨、昆虫 受精丝与 精囊结合 分子孢子 分子生孢子萌发 侵入寄主组织 假囊壳 子囊孢子萌发 侵入寄主组织 子囊孢子 带有子囊孢子的子囊

防治适期 4月下旬至5月底坐果期至幼果期是喷药防病关键期。

防治措施

（1）**选用抗（耐）病品种** 雪柑、酸橙及其杂交系具有柑橘黑斑病抗性，粗皮柠檬表现耐病，其他品种易感病，尤其柠檬、夏橙、脐橙和葡萄柚最易感病。

（2）**农业防治** ①加强橘园栽培管理，适当的浇灌，去除过密枝叶，增强树体通透性，提高抗病力。②秋末冬初结合修剪，剪除病枝、病叶，并清除地上落叶、落果，集中销毁可减少病害传播的机会。

（3）**化学防治** 4月下旬至5月底，隔10～15天喷1次，连喷2～3次。药剂可用代森锰锌、多菌灵、王铜、氢氧化铜、络氨铜、甲基硫菌灵或嘧菌酯等。7月下旬到8月下旬，对有发病的果园，如遇高温干旱要及时喷药2次。

柑橘炭疽病

柑橘炭疽病（Citrus anthracnose）是一种世界性柑橘病害，中国各柑橘产区普遍分布。

柑橘炭疽病

田间症状 柑橘炭疽病全年都可发生，一般在春梢生长后期开始发病，由以高温多雨的夏、秋梢发病最盛。可为害柑橘

果实症状（焦燕翔、蔡明段　摄）

新梢和枝条症状

的叶片、枝梢、花器、果柄和果实，引起落叶、枝枯、落花、落果、树皮爆裂和贮藏期果实腐烂。该病为害叶片有急性型和慢性型两种症状类型。急性型（叶枯型）主要发生在幼嫩叶片，从叶尖开始，初为暗绿色，像被热水烫过，后迅速扩展成水渍状波纹大斑块，病、健组织分界不明显，逐渐变为为淡黄或黄褐色，叶卷曲，脱落，常造成全株严重落叶。慢性型（叶斑型）多出现在成长叶片或成熟叶片的叶尖或叶边缘处，病斑初为黄褐色，后变成灰白色，边缘褐色，圆形或近圆形，稍凹陷，病、健组织分界明显。干燥条件下，病斑上出现散生或轮状排列的黑色小粒点。在多雨潮湿天气，病斑上黑粒点中会溢出许多红色黏质小液点。

叶部症状

发生特点

病害类型	真菌性病害
病　　原	柑橘炭疽病的病原有3种：胶孢炭疽菌（*Colletotrichum gloeosporioides*）、尖孢炭疽菌（*C. acutatum*）和平头炭疽菌（*C. truncatum*），均属半知菌亚门，炭疽菌属 胶孢炭疽菌是灰色生型是发生较普遍的致病种，引起橘类各种组织、器官发病。采后柑橘果实炭疽病也由胶孢炭疽菌引起。尖孢炭疽菌包括橘红色慢生型和来檬炭疽型，前者造成甜橙花后落果；后者可侵染来檬叶片、花器、果实等引起来檬炭疽病，也可造成甜橙的花后落果

（续）

越冬（夏）场所	病菌以菌丝体或分生孢子在病枝、病叶、病果上越冬
传播途径	经风雨或昆虫传播
发病原因	病菌喜高温高湿环境，冻害和干旱会导致树体衰弱，抵抗力降低，容易导致炭疽病发生和为害。花期降雨会加重病害发生，低温可以延缓病害的流行。果园管理不善，例如长期缺肥、干旱、介壳虫发生严重、农药药害、空气污染等，致使树体衰弱者，炭疽病发病往往普遍

防治适期 发病初期为化学防治适期，要在春、夏梢嫩梢抽发期（杂柑幼树是重点）和果实成熟前期进行观察。

防治措施

（1）**农业防治** ①加强栽培管理，增强树势，是该病防治的关键。改善通风透光条件，注意氮、磷、钾肥搭配，增施有机肥，及时补充硼肥，提高柑橘抗病能力。改良土壤，创造根系生长良好环境。②搞好冬季清园，减少病菌量，树干涂白，地面薄撒生石灰粉并浅翻松土等。

（2）**化学防治** 在发病初期喷施波尔多液、代森锰锌、多菌灵、王铜、氢氧化铜、络氨铜、甲基硫菌灵、嘧菌酯、苯醚甲环唑、吡唑醚菌酯等药剂。每隔15天喷药1次，连喷2～3次，防止分生孢子萌发。

（3）**选用抗病品种** 选用抗性品种默科特橘橙、濑户佳、诺瓦、天草、胡柚、伏令夏橙等杂柑，以及火焰葡萄柚、冰糖橙、刘金刚甜橙、哈姆林甜橙、新会甜橙和晚棱脐橙等。

柑橘膏药病

柑橘膏药病（Septobasidium felts）在世界多数柑橘产区均有发生，在我国福建、台湾、湖南、广东、广西、四川、贵州、浙江、江苏等地柑橘产区均有发生。柑橘膏药病因为害处如贴着一张膏药而得名。在华南地区4～12月均可发生，其中以5～6月和9～10月高温多雨季节发病严重。

柑橘膏药病

田间症状 柑橘膏药病主要包含白色膏药病和褐色膏药病两种类型，一般情况下仅影响植株局部干枝的生长发育，严重发生时，受害枝纤细乃至枯死。

枝干上的白色膏药病（郭俊　摄）

树枝干上的褐色膏药病（郭俊　摄）

发生特点

病害类型	真菌性病害
病　　原	白色膏药病病原为隔担耳属的柑橘生隔担耳（*Septobasidium citricolum* Saw.），褐色膏药病病原为木耳科卷担菌属的一种卷担菌（*Helicobasidium* sp.）
越冬（夏）场所	病菌以菌丝体在患病枝干上越冬
传播途径	担孢子借气流或介壳虫活动传播
发病原因	通常介壳虫严重为害的果园柑橘膏药病发病往往较重，高温多雨的季节有利发病，潮湿荫蔽和管理粗放的老果园易发病

防治适期 发病初期及春梢萌芽至现蕾期防治蚜虫、介壳虫、粉虱。

防治措施

（1）**农业防治** ①加强橘园管理，合理修剪密闭枝梢以增加通风透光性。②剪除的病枝要集中烧毁。③控制氮肥用量，科学控放嫩梢。

（2）**化学防治** ①及时喷药防治粉虱、蚜虫和蚧类害虫。②刮除菌膜，用2～3波美度的石硫合剂或5%的石灰乳或1：1：15的波尔多液涂抹患处。也可用0.5～1：0.5～1：100的波尔多液加0.6%食盐或4%的石灰加0.8%的食盐过滤液喷洒枝干。③于4～5月和9～10月雨前或雨后用10%波尔多液，或70%甲基硫菌灵与75%百菌清（按1：1混合）50～100倍液，或用1%波尔多液与食盐（0.6%）混合剂，或石灰（4%）与食盐（0.8%）过滤液喷施。

柑橘青霉病

柑橘青霉病（Citrus green mold）是世界柑橘产区最主要的病害之一，在我国柑橘产区均有分布，主要为害贮藏期的果实，也可以为害田间的成熟果实。

田间症状 柑橘青霉病多发生在贮藏前期，初期果面上产生水渍状淡褐圆形病斑，病部果皮变软腐烂，易破裂，其上先长出白色菌丝，后变为青色，从果实开始发病到整个腐烂，历时1～2周。柑橘青霉病的孢子丛

青色，发展快且可扩展到果心，白色的菌丝带较狭窄，1 ~ 2毫米，果皮软腐的边缘整齐，水渍状，有发霉气味，对果袋及其他接触物无黏附力，果实腐烂速度较慢，21 ~ 27℃时全果腐烂需14 ~ 15天。

柑橘青霉病

果实症状（姚廷山 摄）

发生特点

病害类型	真菌性病害
病　　原	意大利青霉（*Penicillium italicum* Wehmer）属半知菌亚门、丝孢纲、丝孢目、青霉属，病菌的有性世代为子囊菌，不常发生，常见无性世代 意大利青霉菌菌丝（胡军华 摄）
越冬（夏）场所	病菌可以在各种有机物质上营腐生生长
传播途径	靠气流和接触传播
发病原因	在雨后或露水未干时采果易引起柑橘青霉病发病增加。橘园发病一般始于果实蒂部，贮藏期发病部位没有一定规律，果面伤口是引起本病大量发生的关键因素

防治适期 采前喷树冠（9月中旬）及采后浸果处理。

防治措施

（1）**农业防治** 加强栽培管理，合理修剪，改善通风透光条件。

（2）**避免机械损伤** 采收不要在雨后或晨露未干时进行，从采收到搬运、分级、打蜡包装和贮藏的整个过程，均应避免机械损伤，特别不能离果剪蒂、果柄留得过长和剪伤果皮。

（3）**化学防治** 采用采前喷树冠和采后药剂处理两种方法，采果前1～2个月（9月中旬），喷1～2次杀菌剂保护，特别要尽量喷到果实上，采用45%噻菌灵悬浮剂1 000～1 500毫克/千克、50%抑霉唑乳油250～500毫克/千克、25%咪鲜胺乳油250～500毫克/千克等药剂。贮藏期选用50%抑霉唑乳油250～500毫克/千克、5%噻菌灵悬浮剂1 000～1 500毫克/千克、25%咪鲜胺乳油250～500毫克/千克、50%异菌脲可湿性粉剂500～1 000毫克/千克、40%双胍三辛烷基苯磺酸盐可湿性粉剂200～400毫克/千克等药剂进行浸果处理。

（4）**优化贮藏条件** 贮藏库的温度控制在5～10℃，相对湿度保持在85%左右。

柑橘虚幻球藻病

柑橘虚幻球藻病（Citrusgreen algae disease）又称柑橘绿藻病、柑橘青苔病，在柑橘产区广泛分布。在重庆地区每年3～5月和9～11月发病严重。

田间症状 树干、叶片、果实均可发病。果实从转色期到成熟期，果面上出现大小不等的绿色污斑，严重影响果实的品质。此病在各类柑橘的叶片和枝干上均存在，严重影响叶片的光合作用，造成叶早衰。为害树干时，初期表现为黄绿色小点，后逐渐扩大成绿色斑块直至包被整个树干；为害叶片时，中脉、叶尖和叶边缘先出现黄色小点，黄色小点逐步连成一片，最后形成一层绿色苔斑，俗称“青苔”；为害果实时，可在果实表面形成一层绿色污斑，生产上常称为“绿斑病”。该病常在树体中下部发生，严重时，对树体光合作用及果实外观品质造成严重影响。

果实症状

树干症状

叶部症状（宋震　摄）

发生特点

病害类型	真菌性病害
病　　原	虚幻球藻（*Apatococcus lobatus*），属绿藻门、胶毛藻科、虚幻球藻属
越冬（夏）场所	该藻以孢子体在柑橘树体以及柑橘园周围其他树体上越夏、越冬
传播途径	借风、雨、昆虫等传播
发病原因	各品种普遍发生，不存在品种差异性，发病程度与橘园地形、地势、树龄及管理水平有关。尤以地势低洼，靠近自然水体如河流，鱼塘，大型水池、溪沟等地发生较为严重；一般荫蔽，温度较大、日照较差、树势衰弱、管理粗放、通光透气性差的橘园发病严重；密植园比稀植园发病重；树冠内膛及下部比外围及上部发病重

防治适期 发病初期。

防治措施

（1）**加强栽培管理**　柑橘虚幻球藻病产生的危害并不是一蹴而就的，而是一个缓慢发生的过程，如果不引起重视，会严重危害柑橘的产量与质

量。加强柑橘园树体和土壤管理，及时修剪枝条，确保果园通风、透光是有效的预防方法。

(2) **药剂防治** 结合冬季清园用45%代森铵水剂3 000倍液喷施；在柑橘生长季节用80%乙蒜素乳油1 000 ~ 1 500倍液或50%氯溴异氰尿酸可溶性粉剂600 ~ 800倍液均匀喷雾，隔10天左右喷1次，连喷2次。

柑橘油斑病

柑橘油斑病（Citrus oleocellosis）又称柑橘油胞病、柑橘绿斑病，是影响柑橘鲜果商品性的重要生理性病害之一，在世界柑橘主产区都有发生。该病主要发生在采前和采收期，特别是接近成熟期的果实易发病，也可以发生在采后和储藏运输期间，亦可以发生在果实膨大期。

柑橘油斑病

田间特征 果皮出现形状不规则的浅绿色、淡黄色或紫褐色病斑，病健交界处明显，病斑内油胞显著突出，油胞间的组织稍凹陷，后变为黄褐色，油胞萎缩。

柑橘油斑病的发生时期不同，症状有明显差异。果实膨大期因果实成熟度较低，油胞破裂而产生的油斑一般为浅绿色，大小一般小于0.8厘米；而采前、采后和贮藏运输期间果实已接近成熟，油胞受损伤较轻的果皮上

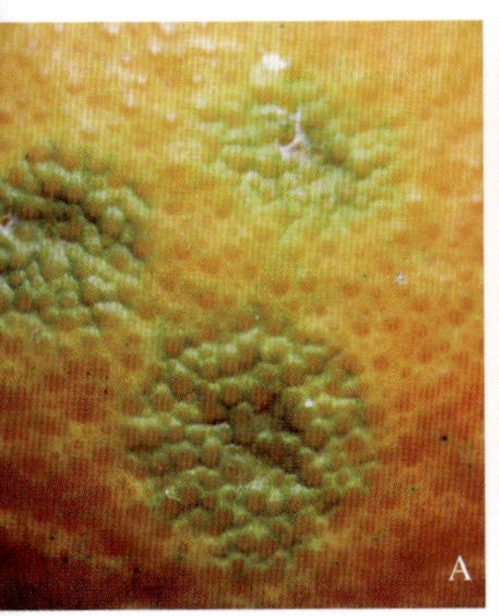

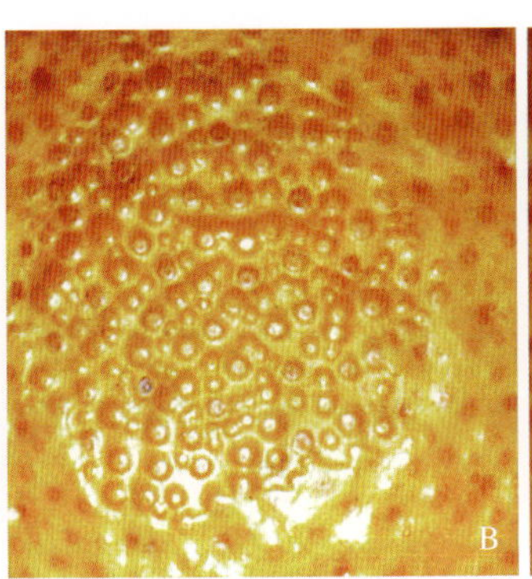

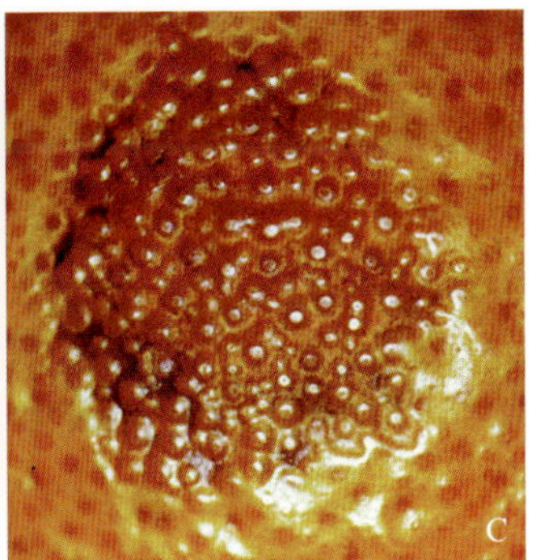

不同时期柑橘油斑病果实病斑（郑永强 摄）

A.果实生长发育期症状 B.采后损伤较轻的病斑 C.损伤较重的病斑

柠檬油斑病病果

砂糖橘油斑病病果

出现淡黄色斑，而损伤较重的出现深褐色的下陷病斑，其大小一般大于1.0厘米，且随时间延长病斑扩大，严重时可扩大到整个果面，后期油胞塌陷萎缩，病斑颜色加深为褐色。

发生特点

病害类型	生理性病害
发病原因	主要与果实膨大期橘园环境和采收期及采后处理期机械损伤有关 果实膨大期：①不同种类、品种柑橘果实油斑病均可感病，但发生情况差异较大。脐橙、葡萄柚、宽皮柑橘、柠檬、来檬等易发病；蕉柑发病早、严重；椪柑发病稍晚、轻；早熟温州蜜柑发病少，晚熟温州蜜柑发病重。②物理伤害因素的增加会显著提高该病的发生，如在果实膨大期由于农作或枝叶摩擦时受伤，或柑橘蓟马、蝽和叶蝉为害果实后产生伤口都会导致该病大量发生。③不适气候会加重该病发病情况，如调查发现，重庆地区柑橘园果实膨大期遭遇日间高温干旱、夜间高湿气候，该病往往大量发生。④栽培管理措施亦对该病发病情况有显著影响，如在果实膨大期或果实发育后期，过多地施用碱性药剂，亦可使本病大量发生 采收期和采后处理期：采收期果实油斑病敏感度受橘园环境因素显著影响。如采收前连续降雨柑橘园土壤水分充足、空气湿度大、植株和果实含水量较高，果实油斑病敏感度较高，采收油斑病发生情况较重。同时，早上采摘果实亦容易感染此病，而且在采后加工处理和贮藏期发病程度较高

防治措施

（1）**果实生长发育期防治**　果实生长发育期连续伏旱可能是诱导发病的主要因素，因而该时期的防治应以改善供水条件为主。如伏旱前中耕表土，并用杂草或稻草覆盖树盘；9～12月干旱时及时灌溉；夏季高温期连续喷施0.25% $Ca(NO_3)_2$ 2～3次可显著减少发病；果实生长后期，加强对蓟马、蝽和叶蝉的防治等。

（2）**采收期和采后处理期的防治**　在此期间，采果、贮运、洗果、包装等过程中的机械损伤是诱发病害的主要因素。因而该时期的防治以避免机械损伤为主。

温馨提示

掌握采收时期，适当早采；避免在果面有露水、大雾、雨天以及灌溉后立即采果；在采收、包装、贮运过程中，小心操作避免果面损伤；采摘后经过预贮处理。

柑橘裂果病

柑橘裂果病（Citrus cracking）在全国柑橘产区普遍发生，造成大量减产，严重影响果农的经济收入。

柑橘裂果病

田间症状 果实一般先在近果顶处开裂，然后沿子房缝线纵裂开口，瓤瓣破裂，露出汁胞。有的果实横裂或不规则开裂，形似开裂的石榴。裂果如不及时处理，易脱落或遭病菌侵染变色腐烂。

果实症状（邓晓玲　摄）

发生特点

病害类型	生理性病害
发病原因	主要是由于水分供应不及时，或久旱后突然下雨，果肉迅速膨大，果皮不能相应地生长而被胀裂

防治适期 果实膨大期做好防旱工作，以减少裂果发生。

防治措施

（1）**选择品种** 结合当地气候条件，选择裂果少或不裂果的品种种植。

（2）**深耕改土** 增强土壤有机质，改良土壤结构，提高土壤保水性能，以减少裂果。宜少施磷肥，适施氮肥，增施钾肥。

（3）**推广果园生草** 以生草保持园地的湿度，保持土壤水分平衡，创造良好果园小气候，减少夏秋季节的裂果，并有利于防治螨害。

（4）**做好水分管理** 伏旱期间，干旱初期在树盘内浅耕8 ~ 12厘米，行间深耕15 ~ 25厘米。如需灌水抗旱，应先用喷雾器喷湿树冠，然后再灌水。降雨后要及时排除积水，以防止土壤水分失调，避免果实吸收水分太多使内径膨胀而产生裂果。

（4）**药剂防治** ①7月壮果肥增施硫酸钾，同时在裂果发生前叶面喷布0.3%磷酸二氢钾或0.5%硫酸钾，以增强果皮抗裂性，减少裂果发生。②在正常树个别发生裂果时，可喷施赤霉素、细胞分裂素、芸薹素等，以保持果皮细胞处于活跃状态，减轻裂果。

柑橘果实日灼病

柑橘日灼病（Citrus sunscald）在全国各柑橘产区普遍发生，造成大量减产，通常发生在7 ~ 9月的高温季节。本病一般于7月开始发生，8 ~ 9月间发生最多。特别是西向的果园和着生在树冠西南部分的果实，受日照时间长，容易受害。

田间症状 该病主要为害叶片、果实和树皮。受害部位的果皮初呈暗青色，后为黄褐色。果皮生长停滞，粗糙变厚，质硬。有时发生裂纹，病部扁平，致使果形不正。受害轻微的灼伤部限于果皮，受害较重的造成瓤囊汁胞干缩枯水，果汁极少，味极淡，不能食用。

果实症状（宋震　摄）

发生特点

病害类型	生理性病害
发病原因	主要是由于炎夏酷热、强光曝晒，使树体枝干、果实受光面出现灼伤。起初果皮组织含水量低，水分不够，油胞破裂形成硬状斑块

防治措施

(1) **石灰水喷果** 在柑橘日灼病发生严重的地方，用1%～2%石灰水喷洒南面向阳树冠上部的叶片正面。喷洒石灰水后，犹如蒙上一层白膜，能反射强光，降低叶温，保护叶片。

(2) **树干涂白** 用0.5千克生石灰加水2.5～3千克化成石灰乳，将受阳光直射的主枝涂白。涂白的树皮在高温时比未涂白的树皮温度降低10℃左右，能避免阳光直射枝干，起到保护作用。

(3) **果实贴面或套袋** ①对树冠顶部和外围西南部的果实，用5厘米×7厘米的报纸小片贴于果实日晒面，能有效防止果实表面灼伤。②为防止果温上升，还可进行果实套袋，或将水分抑蒸剂喷到果面上，减少水分的蒸发。

(4) **加强水分管理** 多雨时节及时开沟排水，改善土壤通气状况，诱根深扎，增强柑橘树体的吸水能力。防止日灼伤害应在高温期间经常灌溉，防止土壤干旱，保证树体维持正常的水分代谢。各种灌溉方式中，以树冠间歇喷灌对防止高温热害的效果最好。

(5) **合理施药** 7～9月不要在橘园使用石硫合剂防治害虫，必须使用时，要降低使用浓度和减少次数，浓度以0.1～0.2波美度为宜，1～2次即可，并做到均匀喷药，勿使药液在果面上过多凝聚。

温馨提示

高温烈日条件下，对柑橘树冠喷施高浓度石硫合剂、硫黄悬浮剂可加剧柑橘日灼病的发生。

(6) **提倡生草栽培** 柑橘园种草和种绿肥，提倡生草栽培，以调节小气候。

(7) **加强树体管理** ①应通过施肥、修剪等措施，培养中庸的树势；多留内膛果，少留树冠外围果实。②重视壮果促梢肥的施用，尽量促发和保留6月下旬至7月上中旬萌发的夏梢，利用夏梢对果实遮光，减少果实日灼。③修剪时在树体的向阳面和裸露的枝干上多留辅养枝。

PART 2

虫 害

柑橘小实蝇

柑橘小实蝇［*Bactrocera dorsalis*（Hendel）］又称橘小实蝇、东方果实蝇，英文名Oriental fruit fly，是一种外来入侵性检疫害虫。在我国分布于广东、海南、台湾、广西、福建、云南、四川、贵州、浙江、上海等地。可为害柑橘、番石榴、杨桃、芒果、香蕉、枇杷、番荔枝、青枣、莲雾等。

分类地位 隶属双翅目、实蝇科。

为害特点 以幼虫取食为害果实。雌成虫产卵器锋利细长，可一次将多个卵粒产在新鲜果实的表皮下，造成机械损伤，为其他病菌的入侵提供有利条件。卵在果实内很快孵化，幼虫群集取食果肉，随龄期增加和虫体长大，食量增加，在果实内纵横窜食，常使果实腐烂或未熟先黄脱落，严重影响产量和质量。

雌成虫产卵

果实被害状

落 果

形态特征

成虫：体长6～8毫米，黄褐色和黑色相间。额上有3对褐色侧纹，中央有1个褐色圆斑。触角细长，第3节为第2节长的2倍。胸部背面大部分黑色，但黄色的U形斑纹十分明显。翅透明，前缘及臀室有褐色带纹。腹部椭圆形，上下扁平，第1、2节背面各有1条黑色横带，从第3节开始中央有1条黑色的纵带直抵腹端，构成1个明显的T形斑纹。

卵：梭形且微弯，初产时乳白色，后为浅黄色，长约1毫米，宽约0.2毫米。

幼虫：三龄老熟幼虫长7～11毫米，头咽骨黑色。前气门具9～10个指状突。肛门隆起明显突出，全部伸到侧区的下缘，形成1个长椭圆形的后端。

蛹：椭圆形，长约5毫米，宽约2.5毫米，初化蛹时淡黄色，后逐渐变成红褐色，前部有气门残留的突起，末节后气门稍收缩。

橘小实蝇成虫

橘小实蝇幼虫

橘小实蝇蛹

发生特点

发生代数	橘小实蝇一年多代，世代交替
越冬方式	在广东、广西等地无严格的越冬现象，在有明显冬季的地区以蛹越冬
发生规律	卵期夏、秋季1 ~ 2天，冬季为3 ~ 6天。幼虫期夏、秋季7 ~ 12天，冬季13 ~ 20天。蛹期夏、秋季8 ~ 14天，冬季15 ~ 20天。在云南省玉溪市，每年11月至翌年5月为种群数量的低谷期，6月橘小实蝇数量开始较快增长，6 ~ 9月为全年发生高峰期，10月以后种群数量开始大幅下降。在广东省橘小实蝇每年有2个为害高峰，从5月开始成虫发生量逐渐增多，到8月出现第1个发生高峰，11月出现第2个高峰，直到12月成虫发生数量下降。但在长江以北的发生规律目前尚无系统研究报道
生活习性	成虫羽化后需要经历较长时间的补充营养，全天均可羽化，上午8：00 ~ 10：00为羽化盛期，一般羽化7 ~ 12天便开始交尾，每次交尾持续2 ~ 12小时，夜间是橘小实蝇交配盛期。成虫的寿命与饲料条件、温湿度条件密切相关。成虫耐饥渴能力强，在饥渴情况下能存活3天。成虫在野外自然条件下可远距离扩散迁移，这是造成其分布和发生区域不断扩张的原因之一。橘小实蝇喜欢在果实软组织、伤口处、凹陷处、缝隙处等地方多点产卵 幼虫在果实中取食时，常因果实内水分多，不易呼吸，将腹末露于表面，一般不转移为害。一、二龄幼虫不能弹跳，三龄老熟幼虫则从果中钻出，弹跳到土表，找适当地点入土化蛹，跳跃距离可达15 ~ 25厘米，高度可达10 ~ 15厘米，并可连续多次跳跃

防治适期 全年种群数量开始增长的阶段，也是压低虫源基数的关键时期，降低全年虫源主要在这个时间进行。早期的措施如性引诱灭雄技术等应在此时持续使用。

防治措施 在我国南方地区果树种类繁多，基本上全年都有不同的水果成熟，这为橘小实蝇的大发生提供了极为有利的条件，导致防治难度增加。

（1）**植物检疫** 严禁从疫区调运带虫的果实、种子和带土的苗木。一旦发现虫果必须经有效处理方可调运。

（2）**农业防治** 冬季翻耕，消灭地表10 ~ 15厘米耕作层的部分越冬蛹；8月下旬及早检查，发现被害果实立即摘除、捡拾并加以处理。为害严重的地区，结果少的年份可于6 ~ 8月摘除全部幼果，彻底消除成虫产卵场所。果实受害前进行套袋处理。

（3）**诱杀及化学防治** 悬挂黄板或性激素诱虫器诱杀成虫。在成虫产卵盛期前，用90%敌百虫晶体1 000倍液或20%甲氰菊酯乳油2 000倍液喷施；在幼虫脱果时或成虫羽化前进行地面施药，用48%毒死蜱乳油1 000倍液喷洒地面。

柑橘大实蝇

柑橘大实蝇［*Bactrocera minax*（Enderlein）］又称橘大食蝇、柑橘大果蝇、柑蛆、黄果蝇等，英文名Chinese citrus fruit fly，是严重为害柑橘果实的害虫之一。国外主要分布于印度、不丹、日本和越南等地。国内分布于云南、广西、四川、贵州、湖南和江苏等地。可为害甜橙、酸橙、柚、蜜橘、红橘、金橘、柠檬、佛手、胡柚、枸橘等。

分类地位 隶属双翅目、实蝇科。

为害特点 成虫产卵于柑橘幼果中，幼虫孵化后在果实内部取食为害，常使果实未熟先黄且黄中带红，被害果一般提前脱落并严重腐烂，使果实完全失去食用价值，严重影响产量和品质。

柑橘大实蝇为害状

形态特征

成虫：体黄褐色，复眼下有小黑斑1个，单眼三角区黑色。胸部背面具有稀疏的绒毛，中胸背面中央有倒Y形深色斑纹，此纹两侧各有1条宽的粉毛直纹。触角黄色，翅透明，翅脉斑纹黄褐色，前缘区浅棕黄色，翅痣棕色，后翅退化为平衡棒。腹部长椭圆形，由5节组成，第1节近扁方形，背面中央有1条黑色纵纹，从基部直达腹端与腹背第3节黑色横纹相交呈“十”字形，第2、4、5节基部侧缘均有黑色斑纹。

卵：乳白色，呈长椭圆形，长1.52 ~ 1.60毫米。表面光滑，没有花

纹。其一端稍尖，而另一端较钝，卵的端部较为透明，中部略为弯曲。

幼虫：共3龄。三龄老熟幼虫似蛆形，体型肥大，呈乳白至乳黄色，体长15 ~ 16毫米，体节为11节。前气门呈扇形，含排成一行的指状突30 ~ 33个。第2、3体节与肛门有小刺带，腹面的第4 ~ 11节有小刺梭形区。后气门呈肾形，毛端部有分支。具肛叶。

柑橘大实蝇雌成虫

柑橘大实蝇幼虫

蛹：围蛹，呈黄褐色的椭圆形。羽化前多呈黑褐色，长8 ~ 10毫米。

发生特点

发生代数	每年发生1代
越冬方式	以蛹在土表下2 ~ 6厘米处越冬
发生规律	一般越冬蛹于4月下旬至5月初开始羽化出土，5月中、下旬为成虫羽化盛期，6月中、下旬为交配和产卵期，7月上旬数量减少，活动期可持续到9月底。常温下，卵2 ~ 4天即可孵化，孵化后的一龄幼虫由果皮钻进果实内部取食，待发育到三龄老熟幼虫后，即从果实内钻出进入沙土5 ~ 10厘米深处化蛹，直至翌年气候回暖，蛹从土壤中羽化为成虫，出土时间在上午9：00 ~ 12：00，特别是雨后天晴，气温较高的时候羽化最盛。成虫羽化后20多天开始交尾，交尾后约15天开始产卵。柑橘大实蝇每个虫态的发育历期都不同：卵期1个月左右，幼虫期3个月左右，蛹期6个月左右，成虫期为数日至45天
生活习性	成虫夜伏昼出，一般在夜间静止不动，易向光源处聚集，具较强的趋光性，喜停叶背面，喜栖息在阴凉场所或枝叶茂密的树冠上。成虫羽化出土后常取食蚜虫等分泌的蜜露作为补充营养

防治适期 羽化出土至产卵前30天内。

防治措施 参照橘小实蝇。

蜜柑大实蝇

幼虫蛀食果肉

蜜柑大实蝇［*Bactrocera tsuneonis* (Miyake)］又称橘实蝇、蜜柑蝇、台湾橘实蝇等，原产于日本大隅和萨摩的野生橘林中，英文名Japanese orange fly，是一种重要的检疫性害虫。在我国主要分布于四川、贵州、广西、湖南、湖北、江苏、台湾等地。主要为害蜜柑、红橘、甜橙、酸橙、小蜜柑、金橘等。

分类地位 隶属双翅目、实蝇科。

为害特点 成虫产卵于柑橘幼果中，以幼虫为害柑橘果实，蛀食果肉，有时也侵害种子。当幼虫发育到三龄时，被害果实的大部分已遭破坏，严重受害的果，通常在收获前则出现落果而导致减产。在严重发生区，虫果率通常为20%～30%，更严重的可高达100%。

形态特征

成虫：体大型，头部黄褐色，单眼三角区黑色，触角黄褐色，触角芒暗褐色，其基部近黄色，中胸背板红褐色，背面中央有“人”字形的褐色纵纹，肩胛和背侧板胛以及中胸侧板条均为黄色，中胸侧板条宽，几乎伸抵肩胛的后缘。翅膜质透明，前缘带宽。足近红褐色，胫节色较深。腹部荧褐至红褐色，背面具一暗褐色到黑色中纵带，自腹基部延伸到腹部末端或在末端之前终止；第3腹节背板前缘有1条暗褐色到黑色横带，与上述中纵带相交呈“十”字形。

卵：白色，椭圆形，略弯，一端稍尖，另一端圆钝。长1.33～1.6毫米。

幼虫：共3龄。一龄幼虫体长1.25～3.5毫米，口钩小型，前气门尚未发现，后气门甚小，由2片气门板组成，裂孔马蹄形，气门板周围有气门毛4丛。二龄幼虫体长3.4～8.0毫米，口钩发达，黑色，气门具气门裂3个，气门毛5丛。三龄幼虫体长5.0～15.5毫米，口钩发达，黑

色，前气门"丁"字形，外缘呈直线状，略弯曲，有指突33～35个，体节2～4节前端有小刺带，腹面仅2～3节有刺带，后气门具气门裂3个，气门毛5丛。

蛹：体长8.0～9.8毫米，椭圆形，淡黄色到黄褐色。

蜜柑大实蝇成虫

发生特点

发生代数	1年发生1代
越冬方式	绝大部分以蛹在土壤10厘米内越冬，少数幼虫在落果中越冬
发生规律	蜜柑大实蝇在日本九州，一般于6月上旬初开始羽化，6～8月都能见到成虫。幼虫脱果始期在10月下旬，少数可延至翌年1月上、中旬。成虫于7月中旬开始交尾产卵，羽化盛期为8月上旬。卵期一般20天以上，蛹期200多天，羽化期一般认为可达2个月，成虫寿命40～50天
生活习性	成虫多在叶背活动，在叶正面和树干上较少。成虫喜食蚜虫和介壳虫的分泌物和叶上的露珠，对糖、酒、醋有强趋性。成虫产卵通常在1个产卵孔中产1粒，少数个别的可达6粒，每头雌虫的产卵数可达30～40粒。老熟幼虫随被害果落地入土，一般于当日化蛹。成虫羽化时期有先后，一般以向阳地的蛹羽化最早。成虫羽化以上午10:00～12:00最多，午后羽化较少。羽化时刻与天气有关，晴天午前多，阴天次之，雨天午后多。三龄幼虫有弹跳的习性

防治适期 羽化出土至产卵前30天内。

防治措施 参照柑橘小实蝇。

柑橘花蕾蛆

柑橘花蕾蛆［*Contarinia Citri*（Barnes）］又称橘蕾瘿蚊、柑橘瘿蝇、柑橘花蕾蝇蚊、花蛆、包花虫，英文名Citrus blossom midge，是一种严重为害柑橘花蕾的重要害虫。在我国四川、浙江、江西、广东、福建、云南等地均有分布。柑橘花蕾蛆仅为害柑橘类。

分类地位 隶属双翅目、瘿蚊科。

为害特点 成虫在柑橘花蕾上产卵，孵出的幼虫蛀害花蕾，在柑橘花蕾露白至谢花时，幼虫集中在子房为害，导致花蕾膨大、变短，花瓣变形，俗称灯笼花，不能开花结果，最后花朵脱落。

柑橘花蕾蛆为害状

形态特征

成虫：体长约2毫米，黄褐色，全身被细毛。头扁圆形，复眼黑色。触角念珠状，14节。前翅膜质透明，后翅特化为平衡棒。腹部8节，节间连接处生一圈黑褐色粗毛，第9节延长成为针状的伪产卵管。足细长，黄褐色。

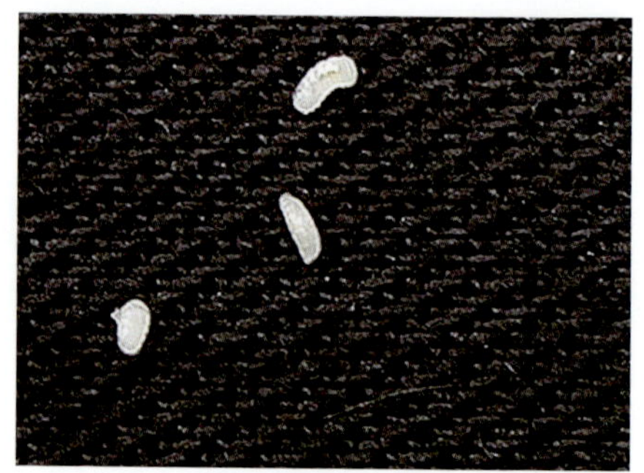

柑橘花蕾蛆幼虫

卵：长椭圆形，无色透明，外包一层胶质物，末端具丝状附属物。

幼虫：体长约2.8毫米，长纺锤形，橙黄色，全体12节，前胸腹面具一褐色Y形剑骨片。

蛹：乳白色，后期复眼和翅芽黑褐色。

发生特点

发生代数	一年发生1代，少数地区可发生2代
越冬方式	以老熟幼虫在土中结茧越冬
发生规律	由于各柑橘产区显蕾期不同，其成虫出现的盛期也不相同，重庆等地为3月下旬至4月上旬，浙江黄岩、江西南昌等地为4月上、中旬，而广东、福建和云南西双版纳等地为2月下旬和3月中旬
生活习性	成虫羽化出土以雨后最盛，羽化后的成虫，先在地面爬行，寻找杂草等地潜伏，早、晚活动，飞翔于树冠花蕾之间，交尾产卵。产卵时将产卵管从花蕾顶端插入，卵产于子房周围，每个花蕾内可产卵数粒或数十粒，排列成堆，且常被重复产卵。卵期3～4天。 幼虫老熟后，随被害花蕾枯黄而陆续爬出，弹跳落地并钻入土中，分泌黏液，做成土茧，卷缩其中呈休眠状态，一直到翌年春季才开始活动，脱出老茧向土表移动，并再结新茧化蛹，成虫羽化出土

防治适期 成虫出土前。

防治措施

（1）**物理防治** ①塑料薄膜包干。成虫出土上树为害前用宽塑料薄膜包围树干一圈，以阻止成虫上树。如在薄膜上涂一层黏胶效果较好，并每天检查薄膜下树干上的成虫并进行捕杀。②冬、春翻土。可杀死土中越冬成虫和幼虫。③利用成虫假死性捕杀成虫。在地面铺塑料薄膜再摇动树干，使虫体掉到地面进行捕杀。

（2）**化学防治** 成虫出土期可用50%辛硫磷乳油500倍液、80%敌敌畏乳油800倍液、40%毒死蜱乳油1 000倍液、20%甲氰菊酯或2.5%溴氰菊酯或20%氰戊菊酯乳油2 000～3 000倍液喷洒地面。在成虫取食盛期，如虫口量大，用上述药剂喷洒树冠，均有较好效果。

柑橘全爪螨

柑橘全爪螨［Panonychus citri (McGregor)］又称柑橘红蜘蛛、柑橘红叶螨、瘤皮红蜘蛛，英文名Citrus red mite，是一种多食性农业害螨。在我国主要分布于重庆、四川、福建、湖南、江西、浙江、广西等地。主要为害柑橘、苹果、梨、桃、桑、槐、枣、桂花、樱桃、苦楝、蔷薇。

分类地位 隶属蛛形纲、蜱螨目、叶螨科。

为害特点 以幼螨、若螨和成螨刺吸叶片为害。被害叶片呈现许多灰白色小斑点，失去光泽，导致大量落叶和枯梢。被害果实呈现灰白色，严重时造成落果，经济损失重大。

果实被害状

叶片被害状

形态特征

成螨：雌成螨长约0.39毫米，宽约0.26毫米，近椭圆形，紫红色，背面有13对瘤状小突起，每个突起上着生1根白色刚毛，足4对。雄成螨体鲜红色，略小，长约0.34毫米，宽约0.16毫米，腹部后端较尖，近楔形，足较长。

卵：扁球形，直径约0.13毫米，鲜红色，顶部有1个垂直的长柄，柄端有10 ~ 12根向四周辐射的细丝，可附着枝叶表面。

幼螨：体长0.2毫米，色较淡，足3对。

若螨：与成螨相似，体较小，一龄若螨体长0.2 ~ 0.25毫米，二龄若螨体长0.25 ~ 0.3毫米，均有4对足。

柑橘全爪螨不同发育阶段形态图
A.卵 B.幼螨 C.若螨 D.雌成螨

发生特点

发生代数	一年可发生多代，代数与年平均温度有关。田间世代重叠，各螨态并存
越冬方式	以成螨和卵在近叶柄处、枝条棱沟处、柑橘潜叶蛾为害的僵叶或枝条裂缝处越冬
发生规律	其发生密度与温度、湿度、食料、天敌种群等因素相关。一般气温在12 ~ 26℃有利发生，夏季高温对其生长不利，虫口密度有所下降。该螨总是在温度适宜的春夏之交和秋末冬初日照长的季节大发生，在日照长的地区、果园的东南方、树冠顶部发生多，为害严重，而高湿和雨季来临时种群下降
生活习性	一般为两性生殖，也可孤雌生殖。喜欢在幼嫩组织上生活及产卵。树冠顶部、外部的枝叶和叶正面的虫口数常比树冠下部、内部与叶背的多。成、若螨在阴雨天或雾、露较大时，常迁移至枝梢下部躲藏，当天晴或雾露散退后，重新爬至外围叶片上活动

防治适期 春芽萌发前为每100叶100 ~ 200头时，春芽1 ~ 2厘米或有螨叶达50%时；5 ~ 6月和9 ~ 11月为每100叶500 ~ 600头时。

防治措施

（1）**农业防治** 冬季彻底清园，清理僵叶、卷叶，集中烧毁，以减少越冬虫源；园区实行生草栽培，保护园内藿香蓟类杂草和其他有益草类，或间种豆科类绿肥植物，调节园区温度、湿度，改善田间小气候，有利于捕食螨等天敌的栖息繁衍。

（2）**生物防治** 保护和利用自然天敌，如捕食螨、食螨瓢虫等；人工释放捕食螨，“以螨治螨”。

（3）**化学防治** 开花前可选用24%螺螨酯悬浮剂5 000 ~ 6 000倍液、22.4%螺虫乙酯悬浮剂4 000 ~ 5 000倍液、30%乙唑螨腈悬浮剂3 000 ~ 5 000倍液、11%乙螨唑悬浮剂5 000 ~ 6 000倍等药剂；花后和秋季气温较高选用50%苯丁锡悬浮剂2 500倍液、50%丁醚脲悬浮剂1 500 ~ 2 000倍液、73%炔螨特乳油2 500 ~ 3 000倍液、5%唑螨酯悬浮剂2 000 ~ 2 500倍液、99%矿物油200倍液等，每隔10天喷1次，连喷2 ~ 3次。

温馨提示

加强虫情检查，局部施药，减少全园喷药次数，轮换使用农药，不滥用农药。

柑橘始叶螨

柑橘始叶螨［*Eotetranychus Kankitus*（Ehara）］又称柑橘黄蜘蛛、柑橘四斑黄蜘蛛、柑橘六点黄蜘蛛等，英文名Citrus yellow mite，是一种为害柑橘的重要害螨之一。我国主要分布于云南、贵州、四川、鄂西北、湘西等柑橘产区。主要为害柑橘、桃、葡萄、小旋花、蟋蟀草等。

分类地位 隶属蛛形纲、蜱螨目、叶螨科。

为害特点 该螨主要为害柑橘的春梢嫩叶、花蕾和幼果，尤以春梢嫩叶受害最重。成螨、幼螨、若螨喜群集在叶背主脉、支脉、叶缘上为害。嫩

叶部被害状

叶受害后，常在主脉两侧及主脉与支脉间出现向叶面凸起的大块黄斑，严重时叶片扭曲变形，进而大量落叶。老叶受害处背面为黄褐色大斑，叶正面为淡黄色斑。由于严重破坏了叶绿素，引起落叶、枯梢，其产生的为害甚于柑橘红蜘蛛。

形态特征

成螨：雌成螨似梨形，长约0.42毫米，最宽处约0.18毫米，色淡黄，冬季和早春体橘黄色，体背有4块多角形黑斑，有7横列整齐的细长刚毛，自前足部至后足部共26根。在背面的刚毛间，可见体表横纹。腹面有刚毛24根，足基部6对，足间3对，生殖区1对，肛门2对。生殖盖上的表皮纹前部为纵向，后部为横向。雄成螨长约0.3毫米，最宽处0.15毫米。体瘦长，尾部尖削，头胸部两侧有1对橘红色眼点。须肢，端感器短锥形，顶端尖，其长度约为基部宽度的1.5倍，背感器枝状，长约为端感器的2倍。阳具向后方逐渐收窄，呈45度角下弯，其末端稍向后方平伸。

卵：卵圆球形，略扁，表面光滑，直径0.12 ~ 0.15毫米。初产时乳白色，透明，后为橙黄色，近孵化时灰白色，上有丝状卵柄。

幼螨：体形似成螨，近圆形，长约0.17毫米。足3对，初孵化时淡黄色，在春秋季节经1天后，雌性背面即可见4个黑斑。

若螨：体形近似成螨，稍小，足4对。前期若螨的体色与幼螨相似；后期若螨的颜色较深，两性差别显著。雄性体瘦长，背上只见2个黑斑；雌性体肥大，椭圆形，4个黑斑明显可见。

柑橘始叶螨成螨、幼螨及卵（郭俊　摄）

发生特点

发生代数	在年平均气温18℃左右的柑橘产区年发生18代左右
越冬方式	以卵和雌成螨在柑橘树冠内膛、中下部的叶背越冬
发生规律	常年在柑橘开花时大量发生，春芽萌发至开花前后3～5月是为害盛期，此时若高温少雨为害严重，其次为10～11月。6月以后由于高温高湿和天敌控制，一般不会造成危害。成螨在气温1～2℃时，便停止活动，3℃以上开始取食，5℃左右能照常产卵，无明显越冬现象。田间世代重叠，在23.5～35.4℃时完成1代需23.2天。成螨在3.0℃时开始活动，14～15℃时繁殖最快，春季较柑橘红蜘蛛发生早15天左右。20～25℃和低湿是其最适发生条件
生活习性	该螨耐低温能力强，抵抗高温的能力弱，冬季以卵和成螨在树冠内部叶片背面及潜叶蛾为害的卷叶内活动，卵有滞育现象，冬卵的抗药力强

防治适期 3月中旬当日平均温度达15℃左右时，在秋梢上过冬的冬卵便大量孵化（冬卵盛孵期的标志是虫多于卵），迁移至新梢为害，此时为药剂防治的关键时期。防治指标为花前百叶有螨、卵100头，花后百叶有螨、卵300头。

防治措施

（1）**生物防治**　食螨瓢虫和捕食螨对柑橘始叶螨控制作用显著，草蛉、蓟马、病毒等也有一定控制作用。要保护好这些天敌，在防治上应采用综合治理的方法，尽量少用农药或不用高毒及广谱性农药，以减少对它们的伤害。若有条件，适当的时候人为释放或吸引天敌。

（2）**物理防治** 刮除粗皮、翘皮，结合修剪，剪除病、虫枝条，杀灭在枝干上越冬的成螨。

（3）**化学防治** 主要在3～6月进行，其次是9～11月，施药时注意树冠内部、叶片背面。达到防治指标，方可进行化学防治，防治药剂参考柑橘全爪螨。

柑橘锈瘿螨

柑橘锈瘿螨［*Phyllocoptruta oleivora*（Ashmead）］又称柑橘锈螨、柑橘刺叶瘿螨、柑橘锈壁虱、锈蜘蛛，英文名Citrus rust mite。国外分布于俄罗斯、叙利亚、美国、日本、菲律宾、澳大利亚等地；我国分布于江苏、浙江、上海、江西、福建、广西、广东、湖南、安徽、湖北、四川、重庆、云南、贵州、海南、台湾等地。主要为害红橘、蜜柑、脐橙、锦橙、甜橙、柚、柠檬、黄皮等。

分类地位 隶属蛛形纲、蜱螨目、瘿螨科。

为害特点 成、幼、若螨以口器刺吸汁液，叶片、枝条、果实被害后，油胞破裂芳香油溢出，经空气氧化使叶背和果皮变成污黑色。严重时，叶片大量枯黄脱落。果实受害后，在果面凹陷处出现赤褐色斑点，逐渐扩展至整个果面而呈黑褐色，果皮粗糙、果小、皮厚、味酸，品质低劣，受害果俗称牛皮柑、黑皮果、黑柑子、黑炭丸等。

叶片被害状

果实被害状

形态特征

成螨：淡黄色至橘黄色，长0.1 ~ 0.2毫米，宽约0.05毫米，形似胡萝卜。头稍小，向前伸出，具2对颚须和2对足。腹部背面有环纹28节；腹面有环纹56节，尾毛1对。

柑橘锈瘿螨成螨及若螨

卵：扁圆形，直径0.02毫米，光滑透明，淡黄色。

幼螨：体小似成螨，初孵幼螨灰白色，半透明，渐变为淡黄色，共蜕皮2次。

若螨：头胸部椭圆，背腹环纹不明显，尾部尖细，足2对。

发生特点

发生代数	在我国的北亚热带橘区1年发生18代左右，中亚热带橘区1年发生22代左右，南亚热带橘区1年发生24 ~ 30代，世代重叠
越冬方式	以成螨在寄主的腋芽、卷叶、僵叶内或过冬果实的果梗处、萼片下越冬，但在广东、海南等南亚热带橘区则无明显越冬期
发生规律	卵期2 ~ 4天，第一若螨期2 ~ 3天，第二若螨期3 ~ 5天，成螨期5 ~ 7天，历期12 ~ 19天。日均温达15℃左右，春梢萌发时开始产卵，5月上旬开始爬上新梢嫩叶，聚集在叶背的主脉两侧为害，6月下旬以后虫口密度迅速增加，7 ~ 10月为发生盛期
生活习性	营孤雌生殖，卵为散生，多产在叶背和果面凹陷处，叶面较少，每雌产卵量为20 ~ 30粒，成螨和若螨喜荫畏光，在叶上以叶背主脉两侧较多，叶面较少

防治适期 除采果前后（9 ~ 10月）、开花前后（3 ~ 5月）结合红蜘蛛防治加以兼治以减少虫口基数外，防治上要抓住6 ~ 8月这一关键时期及时喷药，务必将柑橘锈螨控制在大量上果为害之前。通常从6月上旬开始，经常巡视全园，发现个别果实表面呈现“铁锈色粉末”（密集的柑橘锈螨虫体）时，就要立即进行全园防治，喷药时间最迟必须在果园中出现第一个黑皮果时进行。

防治措施

（1）**保护和利用天敌** ①特别是在多毛菌流行季节，减少或避免使用杀菌剂，特别是铜制剂防治柑橘病害，尽量使用选择性农药，以保护天敌。②人工释放捕食植绥螨和施用多毛菌粉等天敌，一般在6月下旬（柚类可适当提早），果园经过病虫防治处理，压低虫口基数10～15天后，释放捕食螨黄瓜钝绥螨，每株中等柑橘树挂1袋，释放后30天内禁止施用任何农药，可控制叶螨、锈壁虱发生为害，防效可达85%以上。

（2）**果园间种及生草** 将橘树行间广种豆科作物，固氮改土，调节橘园温湿度；园边播种藿香蓟等良性草，为捕食螨创造良好越冬越夏场所，作为捕食螨引移助迁的基地。

（3）**化学防治** 参考柑橘全爪螨。

柑橘裂爪螨

柑橘裂爪螨［*Schizotetranychus baltazarae*（Rimando）］又称柑橘绿叶螨，英文名Citrus green mite，是为害柑橘的害螨之一。在我国主要分布于广东、台湾、福建等地。主要为害柑橘、黄皮、葡萄、李、栗子、薯蓣等。

分类地位 隶属蛛形纲、蜱螨目、叶螨科。

为害特点 幼螨、若螨和成螨均可刺吸叶片、果实表皮，吸取汁液，导致表皮失绿形成密集的灰白色小圆斑，严重时小斑相连形成大斑，影响光合作用和树势。一旦发生，极难杜绝。雌螨产卵于叶片的正面或反面近中脉处。

叶部被害状

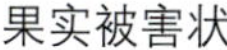
果实被害状

枝条被害状

形态特征

柑橘裂爪螨成螨和卵

成螨：雌性体长约0.36毫米，椭圆形，浅黄色或淡黄绿色，体背两侧各有1行依体缘排列的4个暗绿色斑，背中部有3对浅色小斑，体毛短，足4对，体前部两侧有红色眼点1对。雄螨体长0.33毫米。后部较尖削，体两侧各有5个暗绿色背斑，足4对，阳具末端弯向背面，形成S形弯曲。

卵：扁球形，乳白色，后淡黄色，表面光滑，顶端有1细长的卵柄。

幼螨：卵圆形，初期灰黄色，足3对。

若螨：体形似成螨，较小，黄色或黄绿色，可见体侧有黄绿色斑点，足4对。

发生特点

发生代数	在广东、福建、台湾1年可发生多代，完成1代约24天
越冬方式	广东以成螨和卵越冬，翌年春梢转绿期开始转移新叶为害
发生规律	夏秋为盛发季节，叶片上成螨、若螨、幼螨和卵并存，至11月下旬仍见成螨为害

（续）

生活习性	该螨在叶面背部主脉两侧和叶缘处缀结白色丝膜，并在此处休息、产卵，尤以主脉两侧为多。春梢后渐向夏梢转移。裂爪螨喜在树冠下部、荫蔽的枝叶和果实上取食

防治适期 化学防治指标为春、秋梢转绿期平均每百叶虫数100 ~ 200头时；夏、冬梢每百叶虫数300 ~ 400头时。

防治措施

（1）**保护和利用自然天敌** 如捕食螨、食螨瓢虫等食量大的天敌；人工引入捕食螨，如胡瓜钝绥螨、蓟马、草蛉等。

（2）**加强果园管理** 勤查果园，及时发现，及早防治。合理修剪，增加橘园通风透光。

（3）**化学防治** 在进行化学防治时要特别强调以调查测报为指导，只有当达到防治指标，而天敌数量又少时，方可化学防治。药剂选择参照柑橘全爪螨。

柑橘瘤瘿螨

柑橘瘤瘿螨（*Eriphyes sheldoni* Ewing）又称柑橘瘤壁虱、柑橘瘿螨，是一种柑橘的重要害螨，为国内和国际检疫对象。在我国主要分布在四川、云南和贵州省的橘区，但广西、湖南、湖北和陕西等省份的部分柑橘产区也有发生。

新梢被害状

分类地位 隶属真螨目，瘿螨科。

为害特点 主要为害当年生春梢嫩芽或因干旱春梢抽发不齐的嫩芽，猖獗时为害嫩叶、花蕾、叶柄、果梗等，使被害树新梢嫩芽生长点损坏，形成瘤状（麻子状、胡椒子状）虫瘿，以致不能抽生新梢，树势衰弱，开花结果减少。严重时完全无产量，植株枯死。

形态特征

成螨：体甚细小。雌成螨长约0.18毫米，宽约0.05毫米，圆锥形，淡黄色至橙黄色，前端、后端及足均无色透明。头胸部宽而短。

卵：卵长球形，长0.05毫米，宽0.03毫米，白色透明。

柑橘瘤壁虱成虫及卵

幼螨：初孵幼螨呈三角形，背面有环纹50环。

若螨：长0.12 ~ 0.13毫米，体形似成螨，腹部环纹比成虫少，背面环纹约65环。

发生特点

发生代数	一年发生10多代
越冬方式	主要以成螨在虫瘿内越冬
发生规律	3 ~ 4月当红橘萌发抽梢时，旧瘿内的成螨因营养不良而被迫迁移，使虫口密度迅速下降，新芽受害形成虫瘿，潜伏其中继续产卵繁殖。非越冬的生长季节，瘿内各种虫态并存。在4 ~ 7月繁殖高峰时，新虫瘿内虫口增加，最多达680头，而老虫瘿内的虫口数则慢慢下降约280头，5 ~ 6月生长发育快，几天可完成一个世代，7月以后发生量逐渐减少，故秋梢受害较春梢轻。在同一地区，每年因气候的差异，会导致柑橘瘿螨为害程度不同。春梢抽生季节，气温偏高，雨量适中，春梢生长速度快，则受害较轻；反之，阴雨连绵、气温偏低或干旱，则为害较重
生活习性	柑橘瘿螨具有从旧虫瘿向当年生春梢嫩芽迁移为害的习性

防治适期 出瘿始期与春梢萌芽物候期基本一致，柑橘春梢萌芽到开花期（3～4月），越冬成螨脱瘿为害新梢时为防治适期。

防治措施

（1）**植物检疫** 该螨可随苗木接穗调运而传播，要加强检疫，不到疫区调运苗木和接穗，可避免其扩展蔓延。

（2）**农业防治** 受害重的柑橘园，在夏梢抽发前，第一次生理落果期后进行重修，清除大部分有虫瘿的枝叶集中烧毁。并对重剪植株加施速效肥，及早恢复树势，并保证秋梢健壮抽发。冬季采果后修剪一次，进一步清除残余的害螨。

（3）**生物防治** 天敌主要是捕食螨，5～6月虫瘿内有不少捕食螨，应加以保护。

（4）**化学防治** 柑橘萌芽到开花期（3～4月），选用下列药剂进行防治：40%氧乐果乳油或40%水胺硫磷乳油1 000～2 000倍液、50%磷胺乳油或25%亚胺硫磷乳油1 000倍液、50%喹硫磷乳油2 000倍液、0.5～1波美度石硫合剂、20%哒螨灵可湿性粉剂3 000倍液或20%甲氰菊酯乳油3 000倍液，每15天一次，连喷2～3次。

侧多食跗线螨

侧多食跗线螨［*Polyphagotarsonemus latus*（Banks）］又称黄茶螨、嫩叶螨、白蜘蛛、半跗线螨。在我国广泛分布。寄主范围广，主要有茄子、辣椒、马铃薯、番茄、菜豆、豇豆、黄瓜、丝瓜、苦瓜、萝卜、蕹菜、芹菜等蔬菜，还为害茶、柑橘、烟草和菊属等多种经济和观赏植物，还能取食烟草粉虱。

分类地位 隶属真螨目、跗线螨科。

为害特点 该螨可为害柑橘的嫩梢、嫩芽及幼果。嫩梢受害后生长细长而弱，枝梢表皮白色龟裂，在湿度大的情况下诱发炭疽病引起枯梢。嫩梢叶片受害后呈增生状畸形，叶片在伸展前期受害向内卷为筒状，害螨聚集于筒内。伸展中期受害，叶片形成不规则畸形，畸形多从叶尖或叶缘向叶基发展，被害部位叶肉增厚、僵硬，停止生长，表皮白色龟裂状，失去光泽，易脆、易落。田间可见与潜叶蛾复合为害，加重叶片畸形。叶片转绿

老熟后不再出现被害状。嫩芽受害使其抽梢受阻，重者不能抽生，芽节肿大成花菜状，轻者抽生推迟，梢丛生。幼果期上果为害造成果皮细线状开裂，后期愈合成龟裂状疤痕。

侧多食跗线螨为害状

形态特征

成虫：体初期淡黄色半透明，以后逐渐加深至橙黄色。雌螨椭圆形，较宽阔，腹末较平，长约0.21毫米；足4对，较短，第4对足纤细，跗节末端有1根鞭状端毛和亚端毛。雄螨体近菱形，长约0.17毫米，足4对，较长而粗壮，第4对足腿节粗大，末端内缘有1个爪状突及1根粗壮的毛，胫节和跗节愈合成胫跗节，基上有1根很长的鞭状毛。

侧多食跗线螨和卵

卵：扁平椭圆形，紧贴在叶面，长约0.1毫米，无色透明，卵面有5～6行纵向排列的白色瘤突，每行6～7个，呈菠萝状。

幼螨：椭圆形，长约0.21毫米，乳白色半透明，足3对。

若螨：长椭圆形，两端较尖，长约0.16毫米，半透明，稍带浅黄色，足4对，无活动能力，由雄成螨携带活动。

发生特点

发生代数	一年发生25 ~ 30代左右，在广东全年均有发生
越冬方式	气温低于发育起点温度（11 ~ 12℃）时，则常以数头雌成螨聚集成团，在冬芽或树皮裂隙中越冬
发生规律	在重庆，翌年4 ~ 5月当平均温度达20℃时开始发生，田间直至11月均有活动，故世代重叠。生存和繁殖的最适条件为25 ~ 30℃，相对湿度80%以上，相对湿度低于40%虽能发育和繁殖，但卵的孵化率和幼螨生存率均很低。故夏、秋季高温多雨条件下发生多，为害重
生活习性	当气温上升至11 ~ 12℃时，雌成螨开始爬行至叶背凹陷处或芽上产卵，卵经2天左右孵化；初孵幼螨不太活动，常在卵壳周围取食，幼螨经2天后变成若螨，若螨期1天，静止不动，在幼螨表皮下完成 雄成螨行动活泼，常到处爬行寻找雌若螨，具有携带雌若螨向幼嫩部位转移的习性。携带时雄成螨用腹末将雌若螨拦腰抱起，很快向植株上部迁移，直至雌若螨在雄螨体上脱皮而变为雌成螨，方从雄螨尾部脱出，并立即交尾。交尾后雌螨即失去对雄螨的吸引力，而雄螨可重复进行交尾。交尾后的雌螨继续取食，陆续产卵，直至死亡，亦可行孤雌生殖，但孵化率低，仅40% ~ 60%，且后代均为雄螨，故在自然情况下雌雄性比相差悬殊，约为1 ： 3.5，每雌螨最多产卵47粒，最少4粒，平均17粒。雌成螨平均寿命12.4天，雄成螨平均寿命10.7天

防治适期 新梢抽发期。

防治措施

（1）**农业防治** 清洁田园，减少虫源。蔬菜收获后，及时清除枯枝落叶，铲除地头田边杂草；橘园、苗圃尽量远离茄科蔬菜地及其他寄主植物；摘除过早或过迟抽发的不整齐嫩梢，结果树宜控制夏梢抽发，以切断食物链。

（2）**化学防治** 可选用73%克螨特1 200倍液、20%的复方浏阳霉素1 000倍液、40%环丙杀螨醇可湿性粉剂1 500倍液或25%的灭螨猛可湿性粉剂1 000 ~ 1 500倍液。在新梢长0.5厘米以下时，用20%三氯杀螨醇乳油1 000倍液喷雾，保梢效果很好。如果错过防治适期，及时补喷，也能保证以后抽生的枝梢叶片生长正常。

温馨提示

可以结合防治潜叶蛾同时进行；减少用药次数，如用对天敌杀伤很小的5%尼索朗乳油，全年在夏、秋梢萌动初期各用1次即可。

易混淆害虫 侧多食跗线螨与柑橘锈瘿螨、柑橘蓟马为害症状易混淆，主要区别见下表：

项目	侧多食跗线螨	柑橘锈瘿螨	柑橘蓟马
为害部位	为害嫩梢、嫩芽及果实	不为害嫩芽，为害叶片、枝条、果实	不为害嫩芽，为害嫩叶
叶部被害状	嫩梢叶片受害后呈增生状畸形。叶片在伸展前期受害向内卷为筒状，害螨聚集于筒内；伸展中期受害，叶片形成不规则畸形	只在叶背面取食，为害后使整个叶片背面形成铁锈色或黑褐色，叶背面布满灰尘状的蜕皮壳，用手可以抹掉，受害叶片不变形	为害嫩叶后叶片变薄，主要在叶片中脉两侧出现银白色或银灰色条斑，或使整个叶片表面呈灰褐色，严重时叶片扭曲变形
果实被害状	造成果皮细线状开裂，后期愈合成龟裂状疤痕	受害果实表面呈赤褐色或黑褐色	果实受害后主要在萼片附近周围产生银白色或灰白色大疤痕覆盖果面，其疤痕也可用手指甲刮掉

橘硬蓟马

橘硬蓟马［*Scirtothrips citri*（Moulton）］又名柑橘蓟马，英文名Citrus thrips。是为害柑橘的害虫之一。在我国主要分布在浙江、广东、广西、湖北、云南、贵州、台湾等省份。

分类地位 隶属缨翅目、蓟马科。

为害特点 以成虫、幼虫吸食柑橘的嫩叶、嫩梢、花和幼果的汁液，引起落花，落果，叶片皱缩畸形，果柄果实斑疤，严重影响果实外观品质。在嫩叶和幼果上取食，锉食汁液，破坏表皮细胞，幼果细胞受害后产生一层银灰色或灰白色的斑疤，尤其喜在幼果果萼四周至果肩处为害，造成圆圈形斑疤。

果实被害状

广东一些果园的春梢叶片受害普遍，失管或弃管果园尤为严重。叶片被害多在叶缘中部至叶尖及叶片背面前半部，造成叶缘黑褐色、叶面有灰白色或灰褐色锉伤纵带纹、叶片向内卷曲或呈波状，或叶片狭长、纵卷皱缩、硬化、失去光泽、树势衰弱。

形态特征

成虫：体长约0.9毫米，淡橙黄色，纺锤形，体有细毛。触角8节，第1节淡黄色，第2节黄色，第3节至第8节灰褐色。翅灰色，前翅有翅脉1条，翅上缨毛细，腹部较圆。头部宽约为头长的1.8倍，单眼鲜红色。

卵：肾形，长约0.18毫米。

若虫：共2龄，一龄若虫体小，颜色略淡；二龄若虫虫体大小近似成虫，无翅，老熟时体琥珀色。

伪蛹：淡黄色。

柑橘蓟马成虫

发生特点

发生代数	一年发生7～8代，第1～2代发生较整齐，也是主要的为害世代，以后各世代重叠明显
越冬方式	以卵在秋梢新叶组织内越冬
发生规律	3～4月越冬卵孵化，田间4～10月均可见成若虫，但以4～7月为重要的为害期
生活习性	一龄若虫死亡率较高，二龄若虫是主要的取食虫态。若虫老熟后在地面或树皮缝隙中化蛹。成虫以晴天中午活动最盛。成虫产卵在嫩叶、嫩枝和幼果的组织内，每雌虫可产卵25～75粒

防治适期 由于蓟马体形微小，所以在蓟马发生初期往往会被忽略，错过最佳防治时期，造成严重后果。在盛花期或谢花后有5%～10%的花或幼果有虫，或幼果直径达1.8厘米时20%的果实有虫，即应开始施药防治。

防治措施

（1）**保护利用天敌昆虫** 如捕食性的螨类、蝽、钝绥螨、蜘蛛、塔六点蓟马。

（2）**冬季清园** 保持园区清洁，加强虫口检测和检查。

（3）**化学防治** 药剂可选用10%吡虫啉2 000～3 000倍液、20%啶虫脒4 000～5 000倍液、25%噻虫嗪5 000～8 000倍液、10%虫螨腈1 500～2 000倍液，连喷2次，间隔7天。

茶黄蓟马

茶黄蓟马［*Scirtothrips dorsalis*（Hood）］又称茶叶蓟马、茶黄硬蓟马。在我国主要分布于海南、广东、广西、云南、浙江、福建、台湾等地。

分类地位 隶属缨翅目、蓟马科。

为害特点 主要以成虫、若虫为害柑橘新梢、叶片和幼果。常聚集在叶面锉吸嫩叶汁液，被害叶片叶缘卷曲不能展开，呈波纹状，叶片变狭或纵卷皱缩。叶面主脉两侧出现纵向内凹锉伤条纹，灰白色或灰褐色，严重时，叶背呈现一片褐纹，条纹相应的叶正面稍突起，叶质僵硬、变厚，最

嫩芽与叶片被害状

后叶片色淡，无光泽，易脱落。枝梢被害症状与叶片相同，受害表皮硬化，枝条稍变弯曲，严重时新梢生长受到抑制，叶片变小、畸形。幼果表面被害，果皮出现银灰色或灰褐色斑疤，影响果实外观。

形态特征

成虫：雌虫体长0.8 ~ 1.0毫米，雄虫体长0.8毫米，体橙黄色，头、胸部橙黄色，头部前缘和中胸背板前缘灰褐色。触角8节，暗黄色，第3节和第4节上有锥叉状感觉圈，第4节和第5节基部均具1个细小环纹。复眼暗红色。前翅窄，橙黄色，近基部有1个小的淡黄色区。单眼间鬃位于两后单眼前内侧的3个单眼内线连线之内。

卵：浅黄白色，肾脏形。

若虫：初孵时乳白色，后变浅黄色，形似成虫，但体小于成虫，无翅。

茶黄蓟马成虫

茶黄蓟马成虫及若虫

发生特点

发生代数	一年发生5～6代，第一代成虫于5月达高峰，第二代于6月中、下旬达高峰，以后世代重叠
越冬方式	以幼虫或成虫在粗皮下或芽的鳞苞内越冬
发生规律	翌年4月越冬成虫、幼虫开始活动，5月上中旬幼虫群集在春梢顶部的嫩叶为害，广东各地于5月的第一次抽发夏梢开始至9月抽发秋梢均是受害期，尤其以6月下旬至7月抽出的新梢叶片受害严重
生活习性	该虫可行有性繁殖和孤雌生殖，雌虫羽化后，在叶片背面叶脉处产卵，幼虫孵出后，即可为害。四龄若虫在地表枯枝落叶中化蛹。成虫善跳、易飞，行动活泼。成虫和若虫均有避光、趋湿习性

防治适期 参照橘硬蓟马。

防治措施 参照橘硬蓟马。

柑橘木虱

柑橘木虱［*Diaphorina citri*（Kuwayama）］又称东方木虱、亚洲木虱，英文名称Citrus psyllis，是柑橘类新梢期主要害虫，也是柑橘黄龙病的传播媒介。在我国分布于广东、广西、福建、海南、台湾、浙江、江西、云南、贵州、四川、湖南等地。主要为害芸香科植物，柑橘属植物受害最重，九里香、黄皮次之。

分类地位 隶属半翅目木虱科。

为害特点 以成虫和若虫在柑橘嫩芽、嫩叶上吸取汁液，引起嫩芽和幼叶变形、扭曲。若虫从肛门排出白色排泄物，可引起烟煤病。

柑橘木虱若虫为害嫩芽

柑橘木虱若虫及排泄物（白色）

形态特征

成虫：体长约2.4毫米，宽0.82毫米，体灰青色且有灰褐色斑纹。头前端突出如剪刀叉状。复眼暗红色，单眼3个，橘红色。触角10节，末端2节黑色。前翅半透明，边缘有不规则黑褐色斑纹和斑点散布，后翅无色透明。初羽化时，翅和触角乳白色，胸、足浅鲜绿色，复眼红色，经约1小时后，体色渐变为成虫特有的颜色。雌虫孕卵期腹部橘红色、纺锤形、末端尖，雄虫腹部长筒型，末端圆钝。

卵：呈水滴状，一端钝圆，另一端渐尖，长0.3毫米，橘黄色。

若虫：共5龄。一龄若虫，体扁平，黄白色；二龄后背部逐渐隆起，

体黄色，有翅芽露出，未见单眼，触角长0.12毫米，有腹部毛28根；三龄若虫带有褐色斑纹，体长0.92毫米，翅芽长0.66毫米，腹部毛46根；四龄若虫体长1.74毫米，翅芽长1.2毫米，腹部毛60根；五龄若虫土黄色或带灰绿色，体长1.93毫米，复眼浅红色，可见3个单眼，翅芽粗，向前突出，从胸背部至腹背前部的中央有1条纵线与多条横线垂直相交，头顶平，触角2节。

柑橘木虱越冬态成虫

刚羽化的柑橘木虱成虫和老熟若虫

柑橘木虱卵

发生特点

发生代数	在广西桂林一年发生7～8代，广东一年发生5～6代，湖南宜章1年发生6代，浙江平阳一年发生6～7代，福建福州一年发生8代，世代重叠。在广东博罗室内饲养观察，一年可发生11～14代
越冬方式	以成虫群集叶背越冬
发生规律	越冬成虫3月上中旬开始在新梢产卵繁殖，随后虫口数量在一年中出现3个高峰期，分别是5月上旬、7月上旬和9月上旬
生活习性	成虫群集在嫩芽、叶片背面叶脉及其附近取食、栖息，头部贴近植株，腹部翘起，虫体与栖息平面成45度。卵多产于芽隙处、嫩叶上

防治适期 冬季清园和每次新梢抽发期为喷药适期。

防治措施

（1）**农业防治** 抹除零星萌芽，统一放梢。

（2）**生物防治** 注意保护和利用天敌，柑橘木虱已知天敌有啮小蜂、红腹跳小蜂等寄生蜂和六斑月瓢虫、亚非草蛉等。

（3）**化学防治** 柑橘木虱防治必须在一定区域内统一药剂、统一时间喷施。采果后和春芽萌动前各喷杀虫剂1次，每次梢期均以连喷2次药剂为宜，间隔7～10天。药剂可选用：20%吡虫啉可湿性粉剂3 000～4 000倍液、20%丁硫克百威乳油2 000～3 000倍液、10%联苯菊酯乳油3 000～5 000倍液、48%毒死蜱乳油1 000～2 000倍液或20%甲氰菊酯乳油1 000～2 000倍液等。

温馨提示

防治适期可采用烟雾防治，工具为动力烟雾机。要求在日平均气温15℃以上，有下沉气流的早晚进行，气压较低时施药效果更佳，上车通药时间不能超过10：00，下午施药要在16：00以后进行。烟雾防治的药剂及配比为80%敌敌畏乳油、48%毒死蜱乳油、柴油配制，配比为1：1：6。

柑橘粉虱

柑橘粉虱（*Dialeurodes citri* Ashm.）又称橘裸粉虱、通草粉虱、橘黄粉虱、柑橘绿粉虱和白粉虱等，英文名称Citrus whitefly。在我国主要分布在湖南、湖北、江西和重庆等地。柑橘粉虱除为害柑橘外，主要寄主植物还有栀子、桂花、茶、柿、桃、女贞、栗、丁香、常春藤等30科55属74种植物。

分类地位 隶属半翅目、粉虱科。

为害特点 以成虫和若虫刺吸植物汁液，使被害叶片褪绿形成黄斑，使柑橘树体营养生长停滞、落叶、新梢抽发少，抑制植物及果实发育。为害严重时，分泌大量蜜露，诱发煤烟病，污染叶片和果实，引起叶片萎蔫褪绿、黄化甚至枯枝落叶，阻碍植株光合作用，影响树势，造成落花落果，严重时尤其在果实近成熟期时使果面蒙上一层黑霉，严重影响果实外观、品质和产量，给柑橘生产造成严重的经济损失。

柑橘粉虱成虫叶部为害状

柑橘粉虱诱发的煤烟病

形态特征

成虫：体长0.9 ~ 1.2毫米，黄色，翅半透明，体和翅上均被有白色蜡粉，故肉眼看其成虫为体积很小的白昆虫，故称白粉虱。

卵：卵初产时淡黄色，长椭圆形，一端有一短柄直立固着于叶片背面，近孵化时颜色较深，近于淡紫色。

若虫：共4龄。初孵若虫长0.3 ~ 0.7毫米，体扁平淡黄色，椭圆形，薄而透明，紧贴在叶片背面，肉眼不易发现。四龄若虫体长0.9 ~ 1.5毫米，0.7 ~ 1.1毫米。中后胸两侧显著突出（翅芽）。

伪蛹：伪蛹的大小与四龄若虫一致，但背盘区稍隆起，且表面比较平滑，体色由淡黄绿色变为浅黄褐色。

柑橘粉虱成虫

柑橘粉虱卵、若虫和伪蛹

发生特点

发生代数	一年发生3～6代，从北至南发生代数逐渐增多
越冬方式	多以老熟若虫或伪蛹附着在叶背越冬
发生规律	成虫寿命5～8天。卵期随温度而异，最长为30天，最短3天。翌年2月下旬、3月上中旬羽化为成虫。田间除越冬代成虫和第一代成虫有较明显的高峰期外，其余世代则参差不齐。连续几年暖冬和暖湿气候，冬后柑橘粉虱存活率高，发生量大，来势猛
生活习性	成虫出现后当日即可交配产卵，也可进行孤雌生殖，但其后代为雄虫。每头雌虫一生可产卵25～125粒。卵散产于叶片背面，尤以嫩叶背面为多。卵孵化后幼虫即在产卵附近叶片背面固定取食。喜欢荫蔽、潮湿环境。成年果园较幼龄树受害重，尤以树冠中下部叶片背面虫口多，受害重。柑橘粉虱在夏季高温季节有明显的滞育现象

防治适期 卵孵化高峰期（一至二龄若虫高峰期），特别是发生较整齐的第一代若虫盛发期是化学防治的关键期。当有虫叶率超过10%时，应及时采用药剂防治。如局部为害，应采取挑治；较大面积发生时，采用联防群治。

防治措施

（1）**保护和利用天敌** 常见天敌有粉虱座壳孢菌、瓢虫、草蛉、花蝽和寄生蜂等，在虫害严重时，可人工繁殖释放丽蚜小蜂。

（2）**黄板诱杀** 利用废旧的纤维板或硬纸板，裁成1米×0.2米长条，用油漆涂为橙黄色，再涂上一层黏油（可使用10号机油加少许黄油调匀），每亩设置40～50块，置于行间，与植株高度相当。当粉虱黏满板面时，需及时重涂黏油，一般可7～10天重涂一次。

（3）**加强果园管理** 合理密植，注意修剪，改善通风透光条件，减少越冬虫口基数。合理间作，尤其不要间种高秆作物，以免果园荫蔽。下雨要及时开沟排水，降低土壤湿度，创造不利于柑橘粉虱发生的环境条件。

（4）**冬季清园** 于12月中旬至翌年1月中旬对粉虱发生严重的果园喷1次松碱合剂20倍液和1波美度石硫合剂，清除越冬虫源，减少来年发生基数。

（5）**化学防治** 药剂可选用：0.5%果圣水剂800～1 000倍液、10%吡虫啉2 000倍液、25%扑虱灵（优乐得）可湿性粉剂1 500倍液、高精度机油乳剂99.1%矿物乳油100～200倍液、90%敌百虫晶体800倍液或25%喹硫磷乳油2 000倍液等，连喷2次，间隔7天。

温馨提示

高温天气机油乳剂宜在早晚使用，花蕾期和果实开始转色后慎用。

黑刺粉虱

黑刺粉虱［*Aleurocanthus spiniferus* Quaintance］又名柑橘刺粉虱、橘刺粉虱，英文名称Citrus spiny blackfly，是近年来在我国茶园、柑橘园中发生普遍、为害比较严重的粉虱种类之一。在我国分布于江苏、安徽、湖北、浙江、江西、湖南、台湾、广东、广西、四川、云南、贵州等地。寄主植物除柑橘类和茶树受害严重外，尚可为害苹果、梨、柿等数十种果树和林木。

分类地位 隶属半翅目、粉虱科。

为害特点 以若虫群集叶背，吮吸汁液，被害叶形成黄斑，并能分泌蜜露诱发煤烟病，严重影响树势。

形态特征

成虫：体长0.9～1.3毫米，橙黄色，薄敷白粉，前翅紫褐色，有6～7个白斑，后翅小，淡紫褐色 。

卵：芒果形，长0.25～0.30毫米，黄褐色，有短柄，附着在叶上。

黑刺粉虱叶部为害状

若虫：共4龄。若虫黑色有光泽，并在体躯周围分泌一圈白色蜡质物。一龄若虫体背有6根浅色刺毛，若虫脱皮壳遗留在体背上；二龄若虫胸部分节不明显，腹部分节明显，体背具长短刺毛9对；三龄若虫体长约0.6毫米，雌、雄体长大小有显著差异，雄虫略细小，腹部前半分节不明显，但胸节分界明显，体背具长短刺毛 14对（胸部前方一对短毛不计）。四龄若虫近似三龄若虫。

伪蛹：椭圆形，初乳黄渐变黑色，有蜡质光泽，壳边锯齿状，周围附有白色绵状蜡质边缘，背面中央显著隆起，体背盘区胸部有9对长刺，腹部有10对长刺。体两侧边缘有长刺，向上竖立，雌11对，雄10对。

黑刺粉虱成虫

黑刺粉虱越冬若虫

发生特点

发生代数	黑刺粉虱在我国的年发生世代数由北向南逐渐增加。湖北、浙江、福建、云南1年发生4～5代。广东、广西1年发生5～7代，有世代重叠现象。
越冬方式	一般以二至三龄幼虫在叶背越冬
发生规律	3月上旬至4月上旬化蛹，3月中旬至4月上旬大量羽化为成虫
生活习性	成虫喜较阴暗环境，常在树冠内幼嫩枝叶上活动。卵散产于叶背，常密集成圆弧形，数粒至数十粒于一处。卵具短柄，附着叶片上。初孵若虫爬行不远，多在卵壳附近爬动吸食，脱皮后二龄若虫固定为害，若虫每次脱皮壳均堆叠于体背

防治适期 参照柑橘粉虱。

防治措施 参照柑橘粉虱。

矢尖蚧

矢尖蚧［*Unaspis yanonensis*（Kuwana）］又称箭头介壳虫、矢尖介壳虫、矢尖盾蚧、矢根蚧、箭形纵脊介壳虫、箭羽竹壳虫等，英文名称Arrowhead scale，在我国各柑橘产区均有分布。

分类地位 隶属半翅目盾蚧科矢尖盾蚧属。

为害特点 该虫为害柑橘叶片、枝干和果实，受害叶片卷曲变黄，枝条干枯，果实被害处四周黄绿色，严重时树干爆皮，树势衰退，植株死亡。

矢尖蚧在叶片上为害

矢尖蚧在枝条上为害

矢尖蚧在果实上为害

形态特征

成虫：雌成虫介壳长形稍弯曲，褐色或棕色，长2.0 ~ 3.5毫米，前端尖，形似箭头，中央有1个明显纵脊，前端有2个黄褐色壳点；雌成虫橙红色，长形，胸部长腹部短。雄成虫体橙红色，复眼深黑色，触角、足和尾部淡黄色，翅1对，透明。

卵：椭圆形，橙黄色。

若虫：初孵的活动若虫扁平，椭圆形，橙黄色，复眼紫黑色，触角浅棕色，足3对淡黄色，腹末有尾毛1对；固定后体黄褐色，足和尾毛消失，触角收缩，雄虫体背有卷曲状蜡丝。二龄雌若虫介壳扁平、淡黄色、半透明，中央无纵脊，壳点1个，虫体橙黄色。二龄雄若虫淡橙黄色，复眼紫

褐色，初期介壳上有3条白色蜡丝带形似飞鸟状，后蜡丝不断增多而覆盖虫体，形成有3条纵沟的长筒形白色介壳，前端有黄褐色壳点。

预蛹和蛹：预蛹长卵圆形，橙黄色，眼黑褐色，口针消失。触角、足等附肢紧贴体躯。蛹橘黄色，触角分节明显，3对足渐伸展，尾片突出。

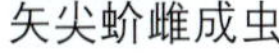

矢尖蚧雌成虫

矢尖蚧雄成虫

发生特点

发生代数	一年发生2～4代，在广西、广东、福建、云南南部1年发生3～4代，世代重叠
越冬方式	大多以受精雌成虫在叶背及枝条上越冬，少数以若虫越冬
发生规律	第1～3代若虫发生高峰期分别是4月下旬至5月上旬、6月下旬至7月上旬、8月下旬至9月上旬，第2～3代成虫发生高峰期分别是8月下旬、11月中下旬。温暖、湿润环境有利于矢尖蚧生存，高温干燥可使矢尖蚧幼蚧大量死亡。密植柑橘园树冠交叉郁闭、疏于管理的果园易使矢尖蚧盛发，大树发生矢尖蚧较幼树重
生活习性	卵多产在母体介壳下，经0.5～3小时便可孵化为若虫，即假“卵胎生”。孵化前腹端出现红褐色点。经第一龄、第二龄若虫，第一龄若虫将口器插入植物组织并固定，吸食寄主汁液，蜕皮并产生分泌物覆盖身体，第二龄若虫蜕皮后即成为雌成虫。雄虫多群居于叶背及果实背阴面

防治适期 第1代若虫发生多而整齐，在其未形成介壳前药剂防治较有效，因此，第1代一、二龄若虫期是化学防治适期。

防治措施

（1）**农业措施** 3月以前及时剪除虫枝、虫果、荫蔽枝、干枯枝集中烧毁或深埋，以改善橘园通风透光条件，减少虫源。

（2）**生物防治** 矢尖蚧的主要天敌有整胸寡节瓢虫、湖北红点唇瓢虫、方头甲、矢尖蚧蚜小蜂、花角蚜小蜂、黄金蚜小蜂和寄生菌红霉菌等，应加以保护和利用。

（3）**化学防治** 重点应放在第1代一、二龄若虫期。在4月中旬起经常检查当年春梢或上一年秋梢枝叶，当游动若虫出现时，应在5天内喷药防治。药剂可选用40%水胺硫磷乳油800 ~ 1 000倍液、25%喹硫磷乳油1 200倍液、50%乐果乳油800 ~ 1 000倍液或40.7%毒死蜱乳油1 000倍液，连喷2次，隔15 ~ 20天喷一次。形成介壳后，可选择40%杀扑磷乳油600 ~ 800倍液喷施。冬季清园期和春芽萌发前，可用松脂合剂8 ~ 10倍液、30%松脂酸钠水乳剂1 000 ~ 1 200倍液、99.1%敌死虫机油乳剂、99%绿颖矿物油或95%机油乳剂100 ~ 150倍液喷施。

吹绵蚧

吹绵蚧［*Icerya purchasi*（Maskell）］又称绵团蚧、白条蚧、绵籽蚧、棉花蚰等，英文名称cottomy cushion scale，在我国各柑橘产区均有分布。

分类地位 隶属半翅目硕蚧科。

为害特点 若虫、成虫群集在柑橘的枝干、叶片和果实上为害。使受害叶片发黄，树梢枯死，严重时引起落叶、落果。同时诱发煤烟病，导致树势衰退或全株枯死。

形态特征

成虫：雌成虫体橘红色，椭圆形，长5 ~ 6毫米，宽3.7 ~ 4.2毫米，背面隆起，有很多黑色短毛，背被白色棉状蜡质分泌物；产卵前在腹部后方分泌白色乱囊，囊上有脊状隆起线14 ~ 16条；有黑褐色触角1对，发达的足3对。雄成虫似小蚊，长约3毫米，翅展约8毫米；胸部黑色，腹部橘红色，前翅狭长，灰褐色，后翅退化为匙形。

卵：长椭圆形，初产时橙黄色，后变为橘红色。

若虫：一龄若虫椭圆形，体红色，眼、触角和足黑色，腹部末端有3

吹绵蚧成虫、若虫为害状

对长毛；二龄若虫背面红褐色，上覆淡黄色蜡粉，体表多毛，雄虫明显较雌虫体形长，行动活泼；三龄若虫红褐色，触角已增长到9节，体毛更为发达。

蛹：长2.5 ~ 4.5毫米，橘红色，眼褐色，触角、翅芽和足均为淡褐色，腹部凹陷成叉。茧由白色疏松的蜡丝组成，长椭圆形。

吹绵蚧一龄若虫

吹绵蚧的卵囊内充满卵粒

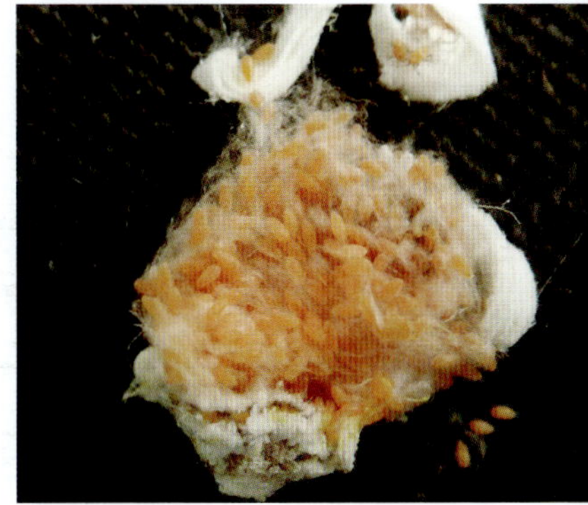

吹绵蚧分泌蜜露（透明圆珠状）

发生特点

发生代数	一年发生2～3代
越冬方式	以若虫和部分雌成虫密集在树干缝穴或树皮下越冬
发生规律	一代卵3月上旬开始发生，5月下旬为若虫盛孵期，卵期14～27天，若虫期约50天，成虫于7月中旬最盛。二代卵于7～8月发生，卵期10天左右，8～9月为若虫盛发期，若虫期长达50～100天，成虫于10月中旬发生。温暖、潮湿的环境有利于该虫的发生
生活习性	一龄若虫多向树冠外部迁移，一般多在叶背主脉附近吸食。二龄若虫后逐渐移至枝干阴面或果梗等处群集为害，每蜕皮1次换1处取食 雄成虫飞翔力弱，寿命较短。雌若虫蜕3次皮即羽化成无翅成虫，并向树干阴面和枝条移动，雌成虫固定后即不再移动，2～4天开始从腹面侧面泌蜡孔分泌白色棉絮状蜡质，形成卵囊，开始产卵。每头雌虫可产卵数百粒，多者达2 000粒左右

防治适期 以冬季清园喷药为重点，并抓好各代初孵若虫期的喷药防治，尤以一龄若虫期的防治为重。

防治措施

（1）**植物检疫** 在引进和调出苗木、接穗、果品等植物材料时，要严格执行植物检疫措施，防止吹绵蚧的传入或传出。对于带虫的植物材料，应立即进行消毒处理。常用的熏蒸剂有溴甲烷，用药量20～30克/米^3，熏蒸时间24小时。

（2）**农业防治** 在虫量少时，可结合修剪，剪除带虫枝条，或用麻布刷、钢刷等工具刷去虫体、卵囊。

（3）**生物防治** 保护和利用澳洲瓢虫、大红瓢虫、小红瓢虫等天敌昆虫。

（4）**化学防治** 未形成介壳时，药剂可选用40%水胺硫磷乳油800～1 000倍液、25%喹硫磷乳油1 200倍液、50%乐果乳油800～1 000倍液或40.7%毒死蜱乳油1 000倍液，相隔15～20天再喷一次，连续2次。形成介壳后，可选择40%杀扑磷乳油600～800倍液喷布。冬季清园期和春芽萌发前，可喷布30%松脂酸钠水乳剂1 000～1 200倍液、99%绿颖矿物油或95%机油乳剂100～150倍液等。

红蜡蚧

红蜡蚧［*Ceroplastes rubens*（Maskell）］又称脐状红蜡蚧、胭脂虫、红虱子，俗称蜡子。英文名Ceroplastes rubens、Redwax scale。在我国主要分布于江苏、上海、浙江、河北、陕西、山东、安徽、江西、湖南、四川、福建、广东、广西等地。

分类地位 隶属半翅目蚧科蜡蚧属。

为害特点 成虫和若虫群集在枝梢、叶片及果梗上刺吸汁液，并分泌蜜露，诱发煤污病，使树势生长衰弱，抽梢量减少，枯枝增多，严重影响柑橘的产量。

成虫和若虫为害状

形态特征

成虫：雌成虫椭圆形，暗红色至紫红色，虫体背面幼期膜质，老熟期覆盖有较厚的蜡壳，蜡壳高度隆起呈半球形，中间顶端稍凹陷呈脐状，中间有1个白点，有4条白色蜡带从腹面卷向背面，前2条白带向前至头部。雄成虫体为暗红色，头部较圆，口器黑色，单眼6个，颜色较深，触角10节，淡黄色，前胸宽盾形，深红色，中胸具1对白色半透明的翅，沿翅脉常有淡紫色带状纹，后胸棕色，足较长，每节均具细毛，胫节长，附节短，爪略弯曲。

卵：椭圆形，两端稍细，淡红至淡红褐色，有光泽。

若虫：初孵时扁平椭圆形，淡紫红色，长约0.4毫米，腹端有两长毛，后期壳为淡红色，周缘呈芒状。

蛹：雄蛹淡黄色，长1毫米。茧长约1.5毫米，椭圆形，米黄色。

发生特点

发生代数	1年发生1代
越冬方式	以受精雌成虫附着在嫩梢、叶柄及叶片上越冬
发生规律	营孤雌生殖和两性生殖两种方式。越冬雌成虫产卵于体下，产卵期长短不一，一般为40 ~ 45天。卵期很短，边产卵边孵化。5月下旬开始产卵，6月上、中旬为若虫盛孵期，雌若虫3龄，8月下旬变成雌成虫，雄若虫2龄，8月中、下旬化蛹，8月下旬至9月上、中旬羽化为成虫
生活习性	雌虫多在植物枝干和叶柄部位为害，雄虫多在叶柄和叶片部位为害，每头雌成虫（在柑橘上）产卵量约为360粒。环境郁闭有利于其发生

防治适期 红蜡蚧初孵若虫的抗药性差，二龄后若虫及雌成虫，虫体包被厚厚的蜡质，抗药性增强，化学防治相当困难。5 ~ 6月要经常观察虫情，抓住若虫盛孵期这个关键时期喷药防治。

防治措施

（1）**植物检疫** 加强苗木引入及输出时的检疫工作。

（2）**农业防治** 发生初期，及时剔除虫体或剪除多虫枝叶，集中销毁。及时合理修剪，改善通风、光照条件，可减轻为害。

（3）**化学防治** 红蜡蚧若虫孵化期长达21 ~ 35天，5月下旬至6月中旬，若虫盛孵和上梢盛期，要及时喷施，此时可观察到嫩梢、新叶上布满星点状若虫。防治时可选用25%喹硫磷乳油1 000倍液、20%噻嗪酮乳油1 500倍液或4.5%高效氯氰菊酯微乳剂900倍液，隔10天左右喷1次，连喷3 ~ 4次。

（4）**生物防治** 保护和利用天敌昆虫，红蜡蚧的寄生性天敌较多，常见的有红蜡蚧扁角跳小蜂、蜡蚧扁角跳小蜂、蜡蚧扁角（短尾）跳小蜂、赖食软蚧蚜小蜂等。

柑橘粉蚧

柑橘粉蚧［*Planococcus Citri*（Risso）］又叫橘粉蚧、橘臂纹粉蚧，紫芸粉蚧，英文名Citrus mealy bug。在我国分布于广东、海南、台湾、广西、福建、云南、四川、贵州、浙江、上海等地。柑橘粉蚧除为害柑橘外，还可为害九里香、一品红、咖啡、姜和芒果等多种作物。

分类地位 隶属半翅目粉蚧科。

为害特点 常以若虫、成虫群集在叶背、果蒂和枝条的凹处或枝叶芽眼处为害，可引起落叶、落花和落果，同时还分泌蜜露诱发煤烟病，严重影响花果的品质和经济价值。据报道，该虫在云南瑞丽柠檬园发生，7～10月在地上部分为害，4～6月在地下部分为害柠檬根系。

柑橘粉蚧成虫、若虫为害状

形态特征

成虫：雌成虫肉黄色或粉红色，椭圆形，长3～4毫米，宽2～2.5毫米。背面体毛长而粗，腹面体毛纤细。足3对，粗大。体被白色粉状蜡质，体缘有18对粗短的白色蜡刺，腹末1对最长。将产卵时腹部末端形成白色絮状卵囊。雄成虫褐色，长约0.8毫米，有翅1对，淡蓝色，半透明，腹末有白色的尾丝1对。

卵：淡黄色，椭圆形。

若虫：淡黄色，椭圆形，略扁平，腹末有尾毛1对，固定取食后即开始分泌白色蜡粉覆盖体表，并在周缘分泌出针状的蜡刺。

蛹：长椭圆形，淡褐色，长约1毫米。茧长圆筒形，被稀疏的白色蜡丝。

发生特点

发生代数	在华南橘区1年发生3～4代，世代严重重叠
越冬方式	主要以雌成虫在树皮缝隙及树洞内越冬
发生规律	云南瑞丽地区柑橘粉蚧树上为害期主要集中在8～10月。4～6月，柑橘粉蚧在土壤耕作层为害
生活习性	初孵幼蚧经一段时间的爬行后，多群集于嫩叶主脉两侧及枝梢的嫩芽、腋芽、果柄、果蒂处，或两果相接、两叶相交处定居取食，但每次蜕皮后常稍做迁移。喜生活在阴湿稠密的橘树上

防治适期 初孵若虫盛发期。

防治措施

（1）**农业防治** 加强果园栽培管理，结合春季柑橘疏花疏果和采果后至春梢萌芽前的修剪，剪除过密枝梢和带虫枝，集中烧毁，使树冠通风透光，降低湿度，减少虫源。

（2）**生物防治** 注意保护利用天敌，合理用药，不使用对天敌危害大的农药。还可利用果园饲养山鸡，在堆蜡粉蚧成虫、若虫期皆可人工刷除柑橘树上的害虫落地，让鸡食之。

（3）**药剂防治** 初孵若虫阶段，虫体无蜡粉及分泌物，对农药较为敏感，选择初孵若虫盛发期进行喷药。可选用80%敌敌畏1 000倍液或90%晶体敌百虫1 000倍液加0.2%洗衣粉，每隔5～7天1次，共喷2次；也可选用48%毒死蜱乳油1 000倍液、18%杀虫双水剂400～600倍液或50%乙硫苯威可湿性粉剂600倍液防治。若果园有柑橘粉蚧为害地下部分，建议在低龄若虫期灌根处理，可选用10%吡虫啉可湿性粉剂或48%毒死蜱乳油1 000倍液每株8千克药液灌根。

绣线菊蚜

绣线菊蚜［*Aphis citricola*（Van der Goot）］又称柑橘绿蚜、雪柳蚜等，英文名称Spired aphis。国内分布于黑龙江、吉林、辽宁、河北、河南、山东、山西、内蒙古、陕西、宁夏、四川、新疆、云南、江苏、浙江、福建、湖北、台湾等地。绣线菊蚜除为害柑橘外，还可为害苹果、梨、李、杏等。

分类地位 隶属半翅目、蚜科。

为害特点 该虫以成虫、若虫密集在嫩芽上刺吸汁液，使幼叶反卷。严重发生时，新芽短缩，嫩叶皱缩畸形，芽、叶黄赤色，叶落芽秃，树势衰弱。

绣线菊蚜为害状

形态特征

成蚜：无翅胎生雌蚜体长约1.5毫米，黄色或黄绿色。头淡黑色，复眼黑色，额瘤不明显，触角丝状。腹管略呈圆筒形，端部渐细，腹管和尾片均为黑色。有翅胎生雌蚜体近纺锤形，头、胸部黑色，头顶上的额瘤不明显，口器黑色，复眼暗红色，触角丝状。腹部绿色或淡绿色，身体两侧有黑斑。2对翅透明，腹管和尾片均为黑色。

绣线菊蚜无翅胎生雌蚜及若蚜

绣线菊蚜有翅胎生雌蚜及若蚜

卵：椭圆形，长约0.5毫米。初期为淡黄色，后期变为漆黑色，有光泽。

若蚜：体绿色或鲜黄色，复眼、触角、足和腹管均为黑色。腹部肥大，腹管短。有翅若蚜胸部发达，生长后期在胸部两侧长出翅芽。

发生特点

发生代数	一般一年发生10余代，广东、福建一年发生30多代（全年发生）
越冬方式	以卵在芽腋、芽旁或树皮缝隙内越冬
发生规律	一般4～6月为害春梢并于早夏梢形成高峰，虫口密度以6月最大，9～10月形成第二次高峰，为害秋梢和秋晚梢。干旱对绣线菊蚜的发育与繁殖均有利，如果夏至前后降雨充足、雨势较猛时，会使其虫口密度大大下降
生活习性	全年只有在秋季成蚜产越冬卵时进行两性生殖，其他各代进行孤雌生殖。绣线菊蚜具有趋嫩性，喜多汁的新芽、嫩梢和新叶，当群体拥挤、营养条件太差时，则发生数量下降或开始向其他新的嫩梢转移分散。因此，苗圃和幼龄果树发生常比成龄树严重

防治适期 嫩梢绣线菊蚜发生初期，新梢有蚜株率达到25%时喷药防治。

防治措施

（1）**农业防治** 从落叶后到萌芽前，仔细刮除粗皮、翘皮，进行人工刮卵，并清除树体上的残附物和树体下的枯枝落叶，消灭越冬卵。生长季，结合夏剪剪除被害枝梢集中烧毁，以减少虫源。果园秋季种植苕子，早春苕子上有部分蚜虫招引大量瓢虫及其他天敌取食，当绣线菊蚜为害时，这些天敌便会转移到果树上取食。

（2）**物理防治** 悬挂黄板或性激素诱虫器诱杀成虫。

（3）**化学防治**

①刮除。在绣线菊蚜发生初期，用刀在果树干距地20厘米处，在第一主枝下将树干老翘皮刮除，刮出6 ~ 10厘米宽的圆环（不要伤内皮层），老皮见白，嫩皮见绿，刮后晾半天，再用刷子涂40%氧化乐果乳油（按药水1 ：2的比例配好）或5倍液的甲胺磷在环（条）上，共涂2遍（第一遍干后再涂第二遍），待药液干后，用塑料薄膜或旧报纸包扎，10天后除掉薄膜，防止高温造成药害。一般涂后3天见效，蚜虫可在10天后死亡，有效期可达20天。但幼树不可用此法防治，以免发生药害。

②喷药。从柑橘树嫩梢蚜虫发生初期开始喷药，每隔7 ~ 10天1次，一般果园用药1 ~ 2次即可控制为害。药剂可选用10%吡虫啉（蚜虱净）可湿性粉剂3 000 ~ 5 000倍液、20%速灭杀丁乳油2 000倍液、20%灭多威乳油1 000倍液、50%抗蚜威可湿性粉剂1 000倍液、50%抗蚜威可湿性粉剂2 000倍液、5%扑虱蚜可湿性粉剂2 000 ~ 3 000倍液、24%灭多威水溶性液剂1 000 ~ 1 500倍液、90%可溶性粉剂4 000倍液、40%氧化乐果乳油1 000 ~ 1 500倍液、50%久效磷乳油1 500 ~ 2 000倍液、50%甲胺磷乳油1 500倍液、20%杀灭菊酯乳油4 000倍液等。

橘二叉蚜

橘二叉蚜［*Toxoptera aurantii*（Boyer de Fonscolombe）］又名茶蚜、茶二叉蚜。是蚜虫中的优势种。在我国分布于河北、河南、山东、四川、湖北、云南、贵州、杭州等地。主要为害柑橘、脐橙、枸骨、紫薇、金丝桃、冬青、木绣球、咖啡、小叶榕、花桃等。

分类地位 隶属半翅目、蚜科。

为害特点 以成蚜、若蚜在寄主植物嫩叶和嫩梢上刺吸为害，被害叶向反面卷曲或稍纵卷。严重时新梢不能抽出，引起落花。排泄的蜜露可引起煤污病。

橘二叉蚜成蚜、若蚜为害嫩梢

形态特征

成虫：无翅胎生雌蚜长约2毫米，卵圆形，暗褐或黑褐色，胸部和腹背有六角形网纹。有翅胎生雌蚜体长卵形，黑褐色，腹部背面两侧各有4个黑斑；触角第3节有5～7个感觉圈排成1列；翅无色透明，前翅中脉分二叉。有翅雄蚜和无翅雄蚜与相应雌蚜相似。

卵：长椭圆形，长0.5～0.7毫米，宽0.2～0.3毫米；初产时浅黄色，后逐渐变为棕色至黑色，有光泽。

若虫：若虫特征与无翅孤雌蚜相似，体小；一龄若虫体长0.2～0.5毫米，淡黄至淡棕色，触角4节；二龄若虫触角5节；三龄若虫触角6节。

橘二叉蚜无翅雌蚜及若蚜

橘二叉蚜成虫

发生特点

发生代数	一年发生20余代
越冬方式	以无翅蚜或老龄若虫在柑橘树上越冬，甚至无明显越冬现象。气温较低的柑橘产区，则以卵在叶背越冬
发生规律	当日平均气温4℃以上开始孵化，春梢期达高峰，盛夏虫口少。秋末出现两性蚜，交配以产卵越冬。在虫口密度大，或受天气和新梢老熟的影响，便产生有翅蚜，迁飞取食和繁殖。在四川，橘二叉蚜越冬无翅孤雌蚜在翌年柑橘萌芽后（3～4月）胎生若蚜，为害春梢嫩叶嫩梢，以5～6月繁殖最盛，为害最大
生活习性	常在冬、春全年行孤雌生殖，其繁殖力强

防治适期 参照绣线菊蚜。

防治措施 参照绣线菊蚜。

橘蚜

橘蚜［Toxoptera citricidus（Kirkaldy）］又称橘声蚜、褐色橘蚜、大橘蚜；俗名腻虫、橘蚰，湖汕称“蝇”。起源于亚洲，并且在1990年入侵佛罗里达和加勒比海盆地，导致严重的经济损失，目前在我国，广泛分布于长江以南各柑橘产区。

分类地位 隶属半翅目、蚜科。

为害特点 橘蚜以成蚜、若蚜群集柑橘嫩茎、嫩叶、花蕾和花朵上刺吸汁液，严重为害时引起叶片卷曲，新梢枯死，叶片、幼果、花蕾脱落；分泌大量蜜露诱发煤烟病，使枝叶发黑，影响光合作用，树势减弱，使果实的产量和品质受到影响。

形态特征

成虫：无翅孤雌蚜，体长1.2～2.0毫米，黑色有光泽，有时带褐色；触角6节，灰褐色，约为体长的1/2，第5节、第6节均有1～2个次生感觉圈；复眼红褐色，腹管长管状，有瓦纹；尾片长圆锥形。有翅孤雌蚜与无翅型相似，无色透明翅膀两对，前翅翅脉分3叉，翅痣淡黄褐色；触角

橘蚜成蚜、若蚜群集为害

第3节有6 ~ 17个次生感觉圈；第5节有1 ~ 2个腹管，呈管状，略长于尾片，尾片类似三角形状，其上着生刚毛大约30根。无翅雄蚜与无翅雌蚜相似，全体深褐色。

若虫：体褐色，复眼黑红色，同样也分为有翅蚜和无翅蚜2种。

橘蚜无翅孤雌蚜和若蚜

橘蚜有翅孤雌蚜

发生特点

发生代数	在广西、云南和台湾一年发生20代，在四川、湖南、江西、浙江一年发生10代
越冬方式	以卵或成虫越冬，广东、福建南部可全年发生，无越冬休眠现象
发生规律	通常2月下旬至4月，越冬卵孵化，在新梢、嫩叶、花蕾和幼果上取食为害，以5～6月及9～10月繁殖最盛，为害严重，11月产生有翅性蚜，交配产卵越冬 温暖和较干燥的生境有利蚜虫繁殖、活动，过高的温度和湿度则不利，梅雨和盛夏季节，特别是暴雨或台风雨频繁的季节和天气，蚜虫虫口通常下降
生活习性	有趋嫩性，对黄色有趋性，对银灰色有负趋性。卵多产在细小的枝条上，特别是分叉或裂缝处

防治适期 参照绣线菊蚜。

防治措施 参照绣线菊蚜。

柑橘潜叶蛾

柑橘潜叶蛾［*Phyllocnistis citrella*（Stainton）］又名潜叶虫、绘图虫、鬼面符、橘潜蛾，英文名称Citrus leaf miner，可为害所有柑橘属植物。在世界各大洲和我国柑橘产区均有分布。柑橘潜叶蛾是柑橘苗木、幼年树和成年树嫩梢期的重要害虫。

分类地位 隶属鳞翅目、潜叶蛾科。

为害特点 幼虫潜入嫩叶嫩梢表皮下蛀食叶肉，形成银白色弯曲的隧道，内留有虫粪，在中央形成一条黑线，由于虫道蜿蜒曲折，致被害叶卷缩、硬化，叶片易脱落，新梢生长停滞。同时，由于受害叶片造成伤口和卷曲硬化，为柑橘溃疡病、炭疽病等病菌的侵入以及柑橘害螨、粉虱和介壳虫等害虫，提供了良好的越冬场所。

叶部被害状

形态特征

成虫：全体银白色，体长2毫米，翅展4毫米，触角丝状，14节，前翅披针形，翅基部具2条黑褐色纹，翅近中部有黑褐色Y形斜纹，前缘中部至外缘有橘黄色缘毛，顶角有黑圆斑1个。后翅银白色，针叶形，缘毛极长。

柑橘潜叶蛾成虫

卵：椭圆形，白色、透明，底部平而呈半圆形突起，长0.3 ~ 0.6毫米。

幼虫：初孵幼虫浅绿色，形似蝌蚪。老熟幼虫体扁平，纺锤形，长约4毫米，胸腹部背面背中线两侧有4个凹陷孔，排列整齐，体黄绿色，头三角形。

蛹：纺锤形，初为淡黄色，后为深黄褐色，长2.5毫米。

柑橘潜叶蛾幼虫

柑橘潜叶蛾蛹

发生特点

发生代数	一年9～10代，多的达15代，世代重叠
越冬方式	多以老熟幼虫和蛹在柑橘的秋梢或冬梢叶片上越冬
发生规律	每年4月下旬至5月上旬，幼虫开始为害，7～9月是为害盛期。均温26～29℃时，13～15天完成1代，幼虫期5～6天，蛹期5～8天，成虫寿命5～10天，卵期2天
生活习性	成虫昼伏夜出，飞行敏捷，趋光性弱，卵多散产在嫩叶背面主脉附近，每雌产卵20～80粒，多达100粒。初孵幼虫由卵底潜入皮下为害，蛀道白色光亮，有1条由虫粪组成的细线。幼虫三龄为暴食阶段，四龄不取食，口器变为吐丝器，于叶缘吐丝结茧，致叶缘卷起于内化蛹

防治适期 新梢抽发期喷药防治。

防治措施

（1）抹芽控梢，统一放梢

①放梢标准。全园有70%～80%的植株抽梢，每株树有70%～80%的枝条抽梢时，一次性统一抹净，然后进行放梢。放梢时以去零留整、去早留齐、去少留多为原则。从放好柑橘夏梢和秋梢的大局出发，对迟春梢和早夏梢予以抹除，坚持到放梢前停止。

②放梢时间。未投产的幼树，于5月底或6月初放夏梢较为适合；投产的青年树，为防止夏季落果，于6月下旬初放夏梢较为理想。老年树和

盛产后期的衰弱树，于大暑过后放秋梢较为适合；中年盛产树于立秋放梢较为理想；青年树和幼树于处暑前后放梢较好。

③科学施肥。放梢时施好3次肥，分别在放梢前15天施促梢肥，放梢前2 ~ 3天施攻梢肥，放梢后3 ~ 4天施壮梢肥。在夏、秋梢抽发时控制肥、水的施用，摘除并烧毁田间过早或过晚抽发的不整齐嫩梢。

（2）**冬季修剪被害枝** 结合冬季修剪，剪除被害枝，以减少越冬虫口基数，可减轻翌年为害。

（3）**生物防治** 在新梢萌发期，在果园放寄生蜂，以蜂控虫。用苏云金杆菌叶面喷雾，以菌克虫。

（4）**化学防治** 新芽0.5 ~ 1.0厘米时喷第一次药剂，隔7天喷1次，连喷2 ~ 3次。药剂可选用10%吡虫啉可湿性粉剂1 500 ~ 2 000倍液、1.8%阿维菌素乳油3 000 ~ 3 500倍液、25%除虫脲（敌灭灵）可湿性粉剂1 000 ~ 1 200倍液、35%阿维·辛硫磷乳油1 500倍液。

吸果夜蛾

吸果夜蛾是世界性的重要果树害虫之一，分布于亚洲、非洲、美洲、大洋洲等，在我国南方丘陵地区的大部分果产区均有发生，是山区柑橘的主要害虫。我国已知吸果夜蛾50多种，其中以嘴壶夜蛾［*Oraesia emarginata* (Fabricius)］、鸟嘴壶夜蛾［*Oraesia excavata* (Butler)］、枯叶夜蛾［*Adris tyrannus* (Guenée)］最为常见。

分类地位 隶属鳞翅目、夜蛾科

为害特点 吸果夜蛾依成虫口器构造和食性分为第一性和第二性吸果夜蛾。

第一性吸果夜蛾：口喙端部坚硬锐利，具有锐齿和倒刺，能穿刺果皮，直接为害健果，或兼害坏果。如嘴壶夜蛾、鸟嘴壶夜蛾、枯叶夜蛾等。

第二性吸果夜蛾：口喙端部柔软，不具倒刺，只能在果实伤口或腐烂部分刺吸为害。如旋目夜蛾和蚪目夜蛾等。

形态特征

嘴壶夜蛾：成虫体长16 ~ 21毫米，翅展34 ~ 40毫米，头与颈板红褐色，胸、腹部褐色，体躯肥大多毛，虹吸式口器喙的末端有穿刺结构。前翅茶褐色，外缘中部突出成角，有1个三角形红褐色花纹，后缘中部凹

嘴壶夜蛾成虫刺吸柑橘果实

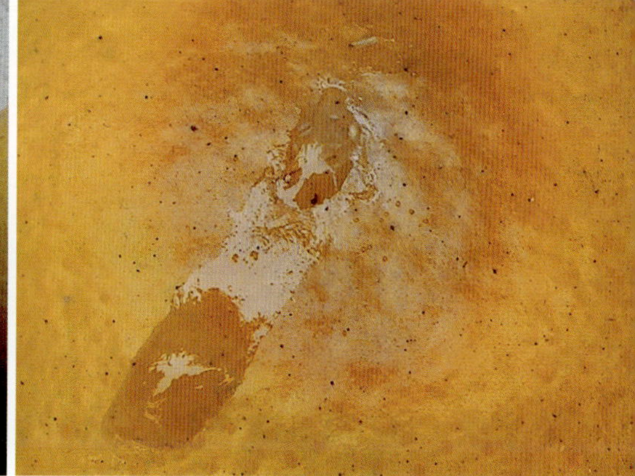

果实被害状

陷呈浅圆弧形，顶角至后缘中部有1条深色斜纹，肾状纹隐约可见。雌蛾触角丝状，雄蛾触角单栉齿状，前翅色较浅。

鸟嘴壶夜蛾：成虫体长23 ~ 26毫米，头部、前胸及足赤褐色，前翅鹰嘴形、紫褐色，后翅淡褐色。下唇须前端尖长，形似鸟嘴。

枯叶夜蛾：成虫体长35 ~ 37毫米，头胸棕褐色，腹部背面橙黄色，前翅枯黄色，有1条斜生的黑色斑纹，后翅黄色，有肾状和羊角状黑色斑纹。

嘴壶夜蛾成虫（左：雄　右：雌）

鸟嘴壶夜蛾成虫

枯叶夜蛾成虫

防治适期 一般在5月上、中旬第一代幼虫发生时，幼虫基数低，出现较整齐，是喷药防治幼虫关键时期，可压低全年虫口数量。

防治措施

（1）**农业防治** 铲除橘园附近吸果夜蛾幼虫中间寄主（木防己、汉防己、木通、通草等），降低幼虫虫口密度；发生严重时，果实接近成熟期可套袋保护。

（2）**人工捕杀、驱避** 柑橘果实开始变色转熟时，天黑后持手电筒捕杀靠园边橘树的成虫，以减少成虫数量；或用黑光灯、频振式诱虫灯诱杀，用黄色荧光灯或滴有香油的纸片驱避成虫。

（3）**糖醋液诱** 红糖、醋各50克，混入90%敌百虫25克兑水1千克，配制毒液，诱杀成虫。

（4）**化学防治** 受害严重的果园，低龄幼虫高峰期喷药防治，药剂有50%丙溴磷乳油1 000 ～ 1 500倍液、5.7%氟氯氰菊酯乳油1 500 ～ 2 000倍液等，连喷2次，隔7天喷1次。

斜纹夜蛾

斜纹夜蛾［*Spodoptera litura*（Fabricius）］又名斜纹夜盗蛾、莲纹夜蛾，英文名称Taro caterpillar，是一种杂食性、寄主广的害虫。国外主要分布于东南亚及南亚，国内主要发生在江西、江苏、湖南、湖北、浙江、安徽、河南、河北、山东等地。除柑橘外，还为害其他果树、粮食作物、经济作物、花卉植物等近300种。

分类地位 隶属鳞翅目、夜蛾科。

为害特点 以幼虫咬食柑橘新叶为害，尤其是幼树和苗木受害严重，致叶片缺刻、孔洞或只存留主脉，树冠新叶残缺，影响树体生长。有时也蛀果为害，造成落果，果实失去食用价值。

斜纹夜蛾幼虫为害状

斜纹夜蛾幼虫蛀果为害

形态特征

成虫：体长14 ~ 20毫米，翅展35 ~ 46毫米，体暗褐色，胸部背面有白色丛毛，前翅灰褐色，花纹多，内横线和外横线白色，呈波浪状，中间有明显的白色斜阔带纹，所以称斜纹夜蛾。

斜纹夜蛾成虫

卵：扁平的半球形，初产黄白色，后变为暗灰色，块状粘合在一起，上覆黄褐色绒毛。

幼虫：共6龄。老熟幼虫体长33 ~ 50毫米，头部黑褐色，胸部多变，从土黄色到黑绿色都有，体表散生小白点，各节有近似三角形的1对半月黑斑。

蛹：长15 ~ 20毫米，圆筒形，红褐色，尾部有1对短刺。

斜纹夜蛾幼虫

斜纹夜蛾蛹

发生特点

发生代数	一年发生多代，世代重叠
越冬方式	在福建、广东等南方地区，终年都可繁殖，冬季可见到各虫态，无越冬休眠现象。长江中、下游地区不能越冬，春季虫源可能从南方迁飞而来
发生规律	广东、福建等地，5 ~ 6月花生、芋和莲藕受害严重，10 ~ 12月蔬菜受害，4月下旬在柑橘苗圃可见成虫产卵
生活习性	成虫无滞育特性，昼伏夜出，白天隐藏在植株茂密处、土缝、杂草丛中，傍晚开始活动，取食、交配，产卵；飞翔能力很强，有趋光性，特别对黑光灯有强烈的趋性；对糖、醋、酒及发酵的胡萝卜、豆饼等都有趋性；卵多产于高大、茂密、浓绿的边际作物上，以植株中部叶片背面分叉处最多。四龄后进入暴食期，多在傍晚出来为害；老熟幼虫在1 ~ 3厘米表土内一椭圆形土室化蛹

防治适期 抓住卵孵化高峰期至低龄幼虫盛发期。

防治措施

（1）**摘除卵块** 应及时人工摘除卵块和未分散为害的低龄幼虫，可降低虫口密度。

（2）**保护和利用天敌** 斜纹夜蛾的天敌种类很多，捕食性天敌主要有瓢虫、蜘蛛、侧刺蝽、蚂蚁和青蛙等；寄生性天敌主要有侧沟黄蜂、绒茧蜂等，这些天敌对斜纹夜蛾种群的自然控制起着重要的作用。

（3）**使用生物农药** 在斜纹夜蛾的生物防治中，核型多角体病毒是使用最多、效果最好的一类微生物杀虫剂。

（4）**化学防治** 药剂可选用：5%氯虫苯甲酰胺悬浮剂1 500 ~ 2 000倍液、1%甲氨基阿维菌素苯甲酸盐乳油1 000 ~ 1 500倍液、5%氟虫脲乳油800 ~ 1 200倍液、5%氟啶脲乳油800 ~ 1 200倍液、5%氟铃脲乳油800 ~ 1 200倍液、20%虫酰肼悬浮剂600 ~ 1 200倍液、24%甲氧虫酰肼悬浮剂1 500 ~ 3 000倍液、5%虱螨脲乳油1 500 ~ 2 000倍液、15%茚虫威悬浮剂2 000 ~ 4 000倍液、10%虫螨腈悬浮剂1 000 ~ 2 000倍液、2.5%溴氰菊酯乳油1 000倍液。

温馨提示

应在低龄幼虫分散前喷药。斜纹夜蛾高龄幼虫昼伏夜出，宜傍晚喷药。四龄以上幼虫具有很强的抗药性，注意农药的合理交替使用，延缓害虫抗药性的产生，并遵守农药的安全间隔期，降低农药残留。

玉带凤蝶

玉带凤蝶［*Papilio polytes*（Linnaeus）］又名白带凤蝶、黑凤蝶。英文名White-banded swallowtails，我国分布在南部和西部，大致自黄河以南一直到台湾、海南都有分布。主要为害柑橘、樟树、桤木、花椒等。

分类地位 隶属鳞翅目、凤蝶科。

为害特点 幼虫为害柑橘的芽和叶，初龄时将叶片食成缺刻或孔洞，稍大时将叶片吃光，仅残留叶柄，大量发生时可将果园嫩梢吃光，严重影响枝梢的抽发。

形态特征

成虫：体长25 ~ 28毫米，雄蝶前、后翅黑色，前翅外缘有7 ~ 9个黄白色小斑纹，后翅中央有1横列不规则斑8个，前、后翅斑点相连，形似玉带。雌蝶有两型，黄斑型与雄蝶相似，但后翅斑纹有些为黄色；赤斑型前翅黑色，外缘有小黄斑8个，后翅中央有2 ~ 5个黄白色椭圆形斑，其下面有4个赤褐色弯月形斑。

玉带凤蝶成虫

卵：球形，直径1.2毫米，初产淡黄色，近孵化时灰黑色。

幼虫：各龄幼虫体色差异较大。一龄黄白色；二龄淡黄褐色；三龄黑褐色；四龄鲜绿色，具白色斑；五龄绿色，体长36 ~ 45厘米；老熟幼虫头部黄褐色，第四、第五两节两侧有斜形黑褐色间以黄、绿、紫、灰各色

斑点花带1条，第六腹节两侧下方有近似长方形斜形花带1条，近背面各有紫灰色小点1枚。四龄幼虫体上斑纹与老熟幼虫相似，三龄幼虫前体上有肉质突起和淡色斑纹。

蛹：长约30毫米，体色多变，有灰褐、灰黄、灰黑、灰绿等，头顶两侧和胸背部各有1突起，胸背突起两侧略突出似菱角形。

玉带凤蝶老熟幼虫

玉带凤蝶蛹

发生特点

发生代数	玉带凤蝶在上海地区一年发生4代，广东、福建一年发生4～6代，浙江、四川、江西等地一年发生4～5代
越冬方式	以蛹在枝干上越冬
发生规律	3～4月成虫出现，4～11月均有幼虫发生，以5月中下旬、6月下旬、8月上旬和9月下旬为发生高峰期
生活习性	成虫白天活动，飞行力强，喜食花蜜。成虫白天交尾，交尾后当日或隔日产卵，卵单粒附着在柑橘嫩叶及嫩梢顶端。初孵幼虫取食嫩叶，三龄后食量大增。幼龄幼虫身体形似鸟粪，行动缓慢，受到惊动或干扰时迅速翻出臭Y腺，挥发出芸香料的气味，以保护自己，吓退敌害

防治适期 各代幼虫一至二龄高峰期。

防治措施

（1）**人工捕杀** 成虫在早晨露水未干前多静止于枝叶上少动，白天则在橘园、花圃、菜地和其他蜜源植物上飞舞，可用捕虫网捕杀成虫。另外，可在新梢期捕捉幼虫，及时摘除卵粒和蛹。

（2）**保护和利用天敌** 凤蝶赤眼蜂和凤蝶金小蜂等天敌对此害虫有显著地控制作用，赤眼蜂和金小蜂分别寄生于玉带凤蝶的卵、幼虫中，对夏、秋季凤蝶的控制作用明显，在药剂防治和人工捕杀时应注意保护。

（3）**化学防治** 根据发生情况进行挑治，并尽量与其他害虫的防治结合进行。在幼虫大量发生时，优先使用生物农药，在各代幼虫一至二龄高峰期用BT乳剂（100亿孢子/克）200～300倍液、青虫菌（100亿孢子/克）1 000倍液、10%吡虫啉可湿性粉剂1 500倍液、25%除虫脲可湿性粉剂1 500～2 000倍液、10%氯氰菊酯乳油2 000倍液、2.5%溴氰菊酯乳油1 500倍液、3%莫比朗乳油2 500倍液、0.3%苦参碱水剂200倍液、90%敌百虫晶体500～1 000倍液或48%毒死蜱乳油800～1 000倍液等防治。

柑橘凤蝶

柑橘凤蝶（*Papilio xuthus* Linnaeus）又名橘黄凤蝶、黄纹凤蝶、春凤蝶，英文名称Asian swallowtail。在我国分布广泛。由于幼虫以花椒、柑橘等植物为食，偶有将其作为园林害虫的报道，多数情况下达不到需要防治的经济阈值，因此多被作为工艺品制作原料及旅游观赏用资源昆虫进行利用。

柑橘凤蝶

分类地位 隶属鳞翅目凤蝶科。

为害特点 以幼虫为害柑橘的芽、嫩叶和新梢，初龄时咬食叶片成缺刻或孔洞，长大后会全部吃光，仅留叶柄。

形态特征

成虫：雌雄同型，雌虫大于雄虫，分为春型和夏型，春型较夏型体型稍小，颜色较深。体、翅的颜色随季节不同而变化，翅上的花纹黄绿色或黄白色。前翅中室基半部有放射状斑纹4 ~ 5条，到端部断开几乎相连，端半部有2个横斑；外缘排列十分整齐而规则。后翅基半部的斑纹都是顺脉纹排列，被脉纹分割。翅反面色稍淡，前、后翅亚外区斑纹明显，其余与正面相似。

卵：单产或散产，近球形，直径1.2 ~ 1.5毫米。初产时淡黄色，逐渐加深为黄褐色。无明显棱脊，有的卵壳上布有不明显的微小皱纹。孵化前颜色呈紫灰至黑色。

柑橘凤蝶成虫

幼虫：三龄幼虫身体增大明显，Y形警嗅腺明黄色，受惊时外翻，气味较淡，四龄幼虫墨绿色，胸部膨大明显，五龄幼虫绿色，体肥壮，体壁光滑，Y形警嗅腺发达，橙黄色，气味浓烈。

蛹：长29 ~ 32毫米，有褐点，体色常随环境而变化。中胸背突起较长而柑橘凤蝶的蛹尖锐，头顶角状突起中间凹入较深。

柑橘凤蝶幼虫
A ~ C.低龄幼虫　D.高龄幼虫

发生特点

发生代数	四川成都、浙江黄岩、湖南、湖北等柑橘产区均一年发生3代，重庆、江西南昌一年发生4代或5代；广东广州、福建漳州一年发生5 ~ 6代，台湾一年发生7 ~ 8代
越冬方式	以蛹附在橘树叶背、枝干及其他比较隐蔽的场所越冬

（续）

发生规律	广州第1代3～4月，第2代4月下旬至5月，第3代5月下旬至6月，第4代6月下旬至7月，第5代8～9月，第6代10～11月；浙江黄岩第1代5～6月，第2代7～8月，第3代9～10月。3～6月羽化的为春型成虫，6～10月羽化的为夏型成虫。卵期6～8天，幼虫期15～24天，蛹期9～15天，滞育蛹蛹期140～156天，成虫期10～12天
生活习性	初孵幼虫就近取食叶片，食量小，随着虫龄增加，食量明显变大，五龄幼虫进入暴食期。低龄幼虫偏向于取食幼嫩叶片，四、五龄幼虫则取食较老叶片。分散取食，无聚集行为。成虫羽化当天即可交尾，多在天气晴朗时进行，成虫喜在寄主植物的幼株上的嫩芽嫩叶背产卵，每只雌蝶的产卵量为30～200粒

防治适期 参照玉带凤蝶。

防治措施 参照玉带凤蝶。

柑橘爆皮虫

柑橘爆皮虫［*Agrilus auriventrsi*（Saunders）］又名柑橘锈皮虫、柑橘长吉丁虫，英文名称Cirtrus flatheaded borer。在我国分布于湖北、四川、湖南、云南、贵州、陕西、重庆等地。仅为害柑橘。

分类地位 隶属鞘翅目、吉丁虫科。

为害特点 主要以幼虫蛀食主干和大枝树皮。其初孵幼虫先蛀入树皮浅处为害，使树皮表面产生分散、点状流胶，以后随着幼虫增大、虫龄增加，幼虫逐渐蛀入韧皮部与木质部之间，在表皮下形成螺旋形不规则的弯曲虫道，排出木屑状的虫粪，堵塞在虫道内，导致韧皮部和木质部分离，树皮干枯裂开，故称爆皮虫。该虫损害树皮，阻断树体内物质的运输，严重时导致树势衰弱，甚至整株枯死。

柑橘爆皮虫造成树干流胶

形态特征

成虫：体长7～9毫米，黑色，具有金属光泽。雌虫头部金黄色，雄虫头部翠绿色，复眼黑色，触角锯齿状。前胸背板与头等宽，上密布很细的皱纹；鞘翅上密布细小刻点。

卵：扁平，椭圆形，初产时乳白色，后变橙黄色。

幼虫：老熟幼虫体长16～21毫米，扁平，口器黑褐色，头小，褐色，体表有皱纹，胴部乳白色。前胸特别膨大，背、腹面中央各有1条明显纵纹。中胸最小，胸足退化。腹部9节，各节的后缘比前缘宽，前8节各有气孔1对，末节尾端有1对黑褐色尾叉。

蛹：扁圆锥形，初蛹期为乳白色，柔软多褶，后变黄色，最后变蓝黑色，具金属光泽。

柑橘爆皮虫成虫

柑橘爆皮虫幼虫

发生特点

发生代数	一年发生1代
越冬方式	以幼虫形态在寄主植物内越冬，其中低龄幼虫在树干皮层下越冬，老熟幼虫侵入木质部，筑新月形蛹室，在其内越冬
发生规律	3月下旬开始化蛹，4月下旬为化蛹盛期，5月上旬为第一批成虫羽化盛期，5月中旬成虫开始咬穿木质部和树皮作D形羽化孔出洞，5月下旬为出洞盛期，成虫出洞后1周开始产卵，一生交尾2～3次，交尾1～2天后产卵，6月中、下旬为产卵盛期，6月中旬卵开始孵化，7月上中旬为孵化盛期，后期出洞的成虫分别在7月上旬和8月下旬
生活习性	雨后晴天出洞最多，阴雨、低温、刮风之日少，甚至停止出洞。成虫具假死性。有时成虫虽露出头部而仍不出洞，这些成虫易为蚂蚁侵袭。雌虫喜在树皮裂缝处或寄生树干上的地衣、苔藓处产卵

防治适期 在成虫羽化盛期，成虫即将出洞前及幼虫盛孵期。

防治措施

（1）**清除越冬虫源** 结合冬季和早春修剪，剪去虫枝，挖除死树，于5月上旬成虫出洞前集中烧毁，以防成虫羽化出洞产卵为害。对受害较重，尚有挽救余地的成年结果树，可采用枳砧靠接主干的方法。柑橘溜皮虫还可利用幼虫潜伏部位与入口处呈45°的特性，用锐利尖锥刺杀幼虫，效果较佳。

（2）**枝干涂药** 成虫羽化出洞前及幼虫盛孵期用药泥涂干。药泥用7.5千克新鲜牛粪+0.5千克80%敌敌畏乳油+20千克黏土+100千克水配成（以涂到枝干上不流动为佳）。有条件者，涂泥后还可用草绳或薄膜捆绑主干和被害枝干，效果可达90%以上。

（3）**树冠喷药** 于成虫出洞高峰期，每隔10天用5%氟虫腈1 000～1 500倍液、48%毒死蜱乳油1 000倍液、40%速扑杀乳油1 000倍液或2.5%敌杀死乳油3 000倍液进行枝干及树冠喷雾。

（4）**加强肥水管理** 柑橘溜皮虫为害后的橘树，长势衰弱，应加强肥水管理，尽快恢复树势。

柑橘溜皮虫

柑橘溜皮虫（*Agrilus* sp.）又名锈皮虫、缠皮虫，英文名Citrus buprestids。仅为害柑橘。在我国分布于浙江、福建、四川、广东和广西等地。

柑橘溜皮虫为害初期流出泡沫及胶状物

分类地位 隶属鞘翅目、吉丁甲科。

为害特点 以成虫取食嫩叶，以幼虫为害树干和主枝为主。初孵幼虫先在树枝皮层啃食为害，被害枝条外表呈现泡沫状流胶现象，以后幼虫沿形成层向下蛀食形成隧道（溜道），溜道形状多样，若缠绕树枝为害，养分则不能运输，从而使树枝枯死。

形态特征

成虫：体长约10毫米，宽约3毫米，黑色，微带，属光泽，头顶、两复眼间的凹陷刻纹呈现2个清晰的多环同心椭圆形。前胸背板中部前后各可见2处浅宽凹窝，整个背板有横行及斜行交错的细脊纹。腹面呈绿色，鞘翅黑色，上密布细小刻点，并有不规则的白色细毛形成花斑。以鞘翅末端1/3处的花斑最为显著。

卵：馒头形，长1.7毫米，初产时乳白色，后渐变黄色，孵化前为黑色。

幼虫：老熟幼虫长23 ~ 26毫米，扁平，白色 。前胸背板大，近圆形。中、后胸缩小，腹部各节呈梯形，腹部末端具1对钳状突。

蛹：纺锤形，长9 ~ 12毫米，初化蛹时乳白色，羽化前黄褐色。

发生特点

发生代数	1年发生1代
越冬方式	多数以大龄幼虫在树干木质部越冬，少数以低龄幼虫在韧皮部越冬
发生规律	4月柑橘开花时成虫出现，5月中旬开始产卵，6月上、中旬为产卵盛期
生活习性	成虫羽化后，咬穿木质部和树皮做D形羽化孔而出洞。在温度高、湿度大的条件下成虫出洞数量明显增多。成虫出洞后即可飞翔，有假死性，10天后交尾产卵，多在傍晚产卵，卵多产于离地较近的主干裂缝处，卵上常有绿褐色保护物覆盖。枝干上的产卵量与树干高度呈负相关。幼虫常潜伏在虫道的最后一个螺旋处，外留蛀入孔，其蛀入孔入口与木质部内幼虫潜伏部位约成45°

防治适期 参照柑橘爆皮虫。

防治措施 参照柑橘爆皮虫。

星天牛

星天牛［*Anoplophora chinensis*（Forster）］又名柑橘星天牛、银星天牛、铁牯牛、盘根虫、脚虫、花牯牛等，英文名Citrus longhorned beetle。是我国常见的林木蛀干害虫。在我国各个产区均有分布，Haack等统计星天牛可为害多达26科40属，超过100种植物。

分类地位 隶属鞘翅目、天牛科。

为害特点 初孵幼虫在树干基部及皮层为害，2个月后向木质部蛀食，阻碍养分输送，轻则树体生长不良，重者植株死亡。

枝干被害状

植株枯死

形态特征

星天牛成虫

成虫：体长27～41毫米，宽6～13.5毫米，雄成虫触角倍长于体长，雌成虫触角长于体长1/3。体黑色，光亮，头和腹部腹面被银灰色细毛。触角鞭状，第1、2节黑色，其他各节基部1/3有淡蓝色毛环，其余部分黑色。前胸背板前方有2个小突起，两侧各有1个刺状突起。鞘翅基部有许多颗粒突起，每翅面有白色毛斑15～20个，排成不整齐的5横行，第1行和第2行各4个斑，第3行约5个斑，第4行2个斑，第5行3个斑，斑点变异大。

卵：长椭圆筒形，长5.6～5.8毫米，宽2.9～3.1毫米，中部稍弯，初产时为白色，具光泽，以后渐变为乳白色，孵化前黄褐色。

幼虫：老熟幼虫呈长圆筒形，稍扁，乳白色至淡黄色，体长38～67

星天牛幼虫

毫米，前胸宽11.5 ~ 12.5毫米，头部前端黑褐色。前胸背板的黄褐色凸字形斑上密布微小刻点，上方左右各有1个黄褐色飞鸟形斑纹。主腹片两侧各有密布微刺突的1块卵圆形区。

蛹：纺锤形，长29 ~ 38毫米，乳白色，羽化前逐渐变为淡黄色至黑褐色，复眼卵圆形，触角伸于腹部在第2对胸足下呈环形卷曲，体形与成虫相似。

发生特点

发生代数	在浙江南部1年发生1代，个别地区3年2代或2年1代
越冬方式	以幼虫在被害寄主木质部蛀道内越冬
发生规律	4月化蛹，4月下旬至5月上旬成虫开始羽化外出活动，5 ~ 6月为羽化盛期，5月至8月上旬产卵，其中5月下旬至6月中旬为产卵盛期，6 ~ 7月孵化出幼虫。成虫寿命1 ~ 2个月，卵期9 ~ 14天，幼虫期长达10个月，蛹期短的18 ~ 20天，长的30天以上
生活习性	多在晴天中午于树干根颈部附近交尾活动。雌成虫在树干下部或主侧枝下部产卵，以树干基部向上10厘米以内多。产卵前先在树皮上咬深约2毫米、长约8毫米的T形或“人”字形刻槽，再将产卵管插入刻槽一边的树皮夹缝中产卵，一般每个刻槽产1粒，产卵后分泌一种胶状物质封口

防治适期 皮下幼虫（初孵幼虫）盛发期。

防治措施

（1）**植物检疫** 加强检疫，防止运输苗木、木材传播。

（2）**人工捕杀** 5～6月，成虫盛发期间，成虫多在晴天中午于树干根颈部附近交尾活动，可人工捕杀。

（3）**锤击刻槽** 5月中旬至8月上旬，发现主干上有产卵后的刻槽，可就地取材，利用砖、石块或用锤子锤击刻槽杀死虫卵。

（4）**刺杀幼虫** 6～7月孵化出的星天牛幼虫多在树皮下蛀食，尚未深入木质部，这时可在主干与主枝上寻找细小的黄褐色虫粪，一旦发现虫粪，即用锋利的小刀划开树皮将幼虫杀死，或用铁丝从最新排粪孔中钩刺幼虫。

（5）**喷洒药剂** 成虫羽化盛期，对树体喷洒3%噻虫啉微囊悬浮剂2 000倍液或8%氯氰菊酯微胶囊剂200倍液，均匀喷洒主干和主枝，以毒杀成虫。

（6）**毒签熏杀** 用竹（木）棉签蘸敌敌畏药液，先用无药的一端试探蛀孔的方向、深度、大小，后将有药的一端插入蛀孔内，深4～6厘米，每蛀孔1支，毒签插后用黄泥封口，以防漏气。

（7）**生物防治** 一是在星天牛的幼虫期和蛹期（3～9月）释放捕食性天敌花绒寄甲。释放时，将花绒寄甲成虫或卵释放盒固定在天牛刻槽附近即可。二是保护和招引啄木鸟，提高自然控制率。

褐天牛

褐天牛［*Nadezhdiella cantori*（Hope）］别名老木虫，英文名称The gray-black citrus longicorn beetle，是一种果树、林木害虫。在我国分布于河南、江西、湖南、四川、江苏、浙江、广西、云南、广东等省份，主要为害柑橘，其次为害葡萄。

褐天牛

分类地位 隶属鞘翅目、天牛科。

为害特点 一般在距地面33厘米以上的树干为害，幼虫蛀害主干和主枝，受害树干常千疮百孔，易被风吹断。初孵幼虫先蛀食皮层，后蛀入木质部。蛀道上有3～5个孔与外界相通，老熟幼虫在隧道内排出一种石灰质的物质，封闭两端作室化蛹。

褐天牛排粪状

形态特征

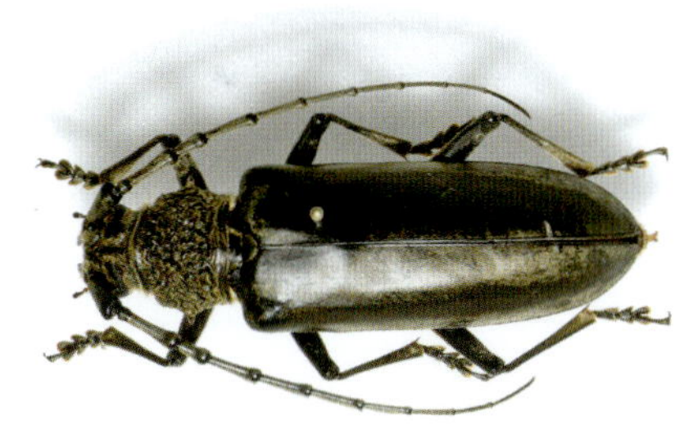

成虫：体长26 ～ 51毫米，宽10 ～ 14毫米。初羽化时为褐色，后变为黑褐色，有光泽，并具灰黄色绒毛。两复眼间有1个深纵沟，触角基瘤之前、额中央又有2条弧形深沟，呈括弧状。雄虫触角超过体长的1/3 ～ 1/2，雌虫触角较体长略短或等于体长。前胸宽大于长，背面呈较密而又不规则的脑状皱褶，侧刺突尖锐。

卵：椭圆形，长约3毫米，卵壳有网纹和刺突。初产时乳白色，逐渐变黄，孵化前呈灰褐色。

幼虫：老熟时体长46 ～ 56毫米，乳白色，体呈扁圆筒形。头的宽度约等于前胸背板的2/3，口器除上唇为淡黄色外，余为黑色。3对胸足未全退化，尚清晰可见。中胸的腹面、后胸及腹部第1 ～ 7节背腹两面均具移动器。

蛹：淡黄色，体长约40毫米，翅芽叶形，长达腹部第3节后缘。

发生特点

发生代数	2年完成1个世代
越冬方式	越冬虫态有成虫、二年生幼虫和当年幼虫
发生规律	7月上旬前孵化出的幼虫，翌年8月上旬到10月上旬化蛹，10月上旬到11月上旬羽化为成虫，在蛹室越冬，第三年4月下旬成虫外出活动。1月以后孵出的幼虫，则需经历两个冬天，到第三年5～6月化蛹，8月以后成虫才外出活动。卵期2～15天，蛹期20～30天
生活习性	成虫白天多藏在树洞内，傍晚外出活动，特别是在闷热的傍晚，外出活动交配更盛，成虫多产卵于树干上的裂缝或洞口边缘、树皮凹陷不平处，平滑处产卵较少。20：00～21：00成虫出洞最盛，特别是雨前天气闷热，出洞更多，活跃于树干间交尾、产卵

防治适期 皮下幼虫（初孵幼虫）相对比较集中，害虫虫龄小，对寄主的为害较轻，抗药性较弱，易于进行化学防治，初孵幼虫盛发期为防治适期。

防治措施

（1）**加强橘园管理** 通过加强橘树的栽培管理，促进植株生长旺盛，保持树干光滑，可减少褐天牛的产卵。枝干上的孔洞应用黏土堵塞，杜绝成虫潜入。

（2）**人工防治** 在褐天牛成虫出洞季节，根据成虫在闷热夜晚出洞之机，组织人力捕杀成虫；在产卵和孵化季节，通过查看虫情，用利刀及时刮除虫卵和初孵幼虫。

（3）**化学防治** 蛀入木质部较深的幼虫，可用蘸有敌敌畏或乐果乳油等药剂的棉球塞入虫孔并封住孔口毒杀幼虫。

（4）**生物防治** 褐天牛有多种寄生性天敌，其中以寄生于幼虫的天牛茧蜂和寄生于卵的长尾啮小蜂最为常见，对天牛的抑制作用显著。另外啄木鸟也是天牛的重要天敌，可加强保护和利用。

光盾绿天牛

光盾绿天牛（*Chelidonium arentatum*）又称光绿橘天牛，俗名枝天牛、吹箫虫。国外印度及东南亚多国均有分布。国内广泛分布于广东、广西、福建、江西、四川、江苏、浙江、台湾等省份。主要为害柑橘。

分类地位 隶属鞘翅目、天牛科。

为害特点 以幼虫在1～2年生枝条内蛀食为害，初孵幼虫蛀入枝条，先向梢端蛀食，被害梢随即枯死，然后再转身向下由小枝蛀入大枝，每隔5～20厘米钻一排粪通气孔，状如箫孔，故又有“吹箫虫”之称。

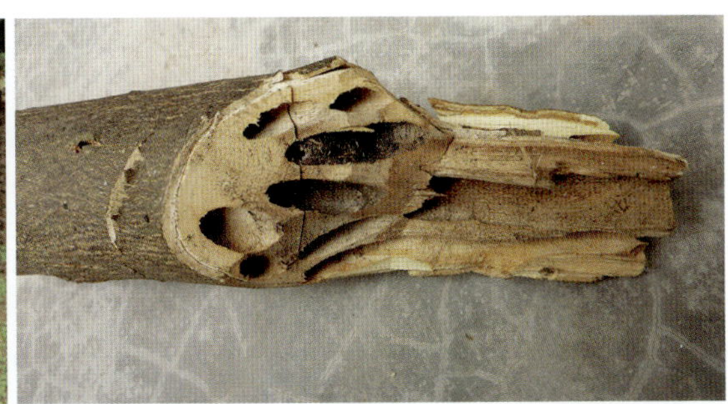

光盾绿天牛在枝干为害，状如箫孔

形态特征

光盾绿天牛成虫

成虫：体长13～18毫米，宽6～8毫米，头胸橙黄色，被有淡黄色绒毛，复眼、触角、口器、足和翅都是黑色，头顶两侧各有1个斑点。

幼虫：体长28～30毫米，头部黄褐色，口器黑褐色，前胸背淡褐色，后端密生深褐色突起，全体橙黄色。

蛹：体长与成虫近似，淡黄色，接近羽化时复眼变黑。

光盾绿天牛幼虫

光盾绿天牛蛹

发生特点

发生代数	多数1年发生1代，少数2年发生1代
越冬方式	以幼虫在枝干内越冬
发生规律	5月出现成虫，成虫在4月至5月初开始出洞，盛发于5月下旬至6月中旬，8月初尚可见个别成虫的踪迹。卵期18～19天，幼虫期达9～10个月
生活习性	成虫较活跃，行动敏捷，以中午为甚，阴雨天气多静止。无趋光性。飞行能力较强，飞行距离甚远，多栖息在柑橘树枝间。成虫羽化出孔后即可进行交尾，交尾时间以上、下午为多，中午较少，阴雨天气多不交尾。交尾后不久即产卵，迟者翌日产卵，产卵时间以中午为主。晴暖天气产卵较多，阴雨天气很少产卵。每雌日产卵最多10粒，一般为3～5粒。幼虫蛀道为一道一虫。幼虫畏光，行动活泼

防治措施

（1）**人工防治** 成虫喜在晴天交尾产卵活动，阴雨天多栖息于枝丫间。在6月成虫发生季节，根据成虫该习性，捕杀成虫。

（2）**加强果园管理** 从6月下旬开始经常检查果树新梢受害情况，发现被害新梢剪除后集中烧毁，这是防治光盾绿天牛的最好办法。

（3）**化学防治** ①封塞洞孔。常用药剂有80%敌敌畏乳油5～10倍液（蘸药）、20倍液（注射），或40%乐果乳油5倍液（蘸药）、10倍液（注射），用完药后封塞洞孔。②喷洒药剂。天牛成虫出洞前，每隔7天在主枝、主干、根颈部喷1次80%敌敌畏乳油或40%乐果乳油500倍液，药液要喷透，以喷至沿树干流向根部为止，防效在80%以上；或用8%高效氯氰菊酯触破式微胶囊剂200～300倍液喷洒柑橘主干及枝叶杀灭成虫。

柑橘恶性叶甲

柑橘恶性叶甲（*Clitea metallica* Chen）又称恶性橘啮跳甲、黑蚤甲、黑叶跳虫等，英文名称Citrus leaf beetle。我国分布于浙江、湖南、四川、贵州、江西、福建、广东等地，仅为害柑橘。

分类地位 隶属鞘翅目、叶甲科。

为害特点 以成虫、幼虫为害新芽、嫩叶、花蕾。成虫常聚集于嫩梢取食叶片，并分泌黏液，排泄粪便污染嫩叶，使叶变得焦枯而萎缩脱落。芽、叶被害后残缺，花蕾受害后干枯，幼果常被咬成大而多的缺刻，变黑脱落。初孵幼虫群集叶背取食嫩叶叶肉，残留表皮，二、三龄幼虫食叶成孔洞，或沿叶缘向内蛀食。

柑橘恶性叶甲为害新芽

柑橘恶性叶甲幼虫为害叶片

形态特征

成虫：长椭圆形，蓝黑色，有金属光泽。雌虫体长3.0～3.8毫米，宽1.7～2.0毫米，雄虫略小，头、胸和鞘翅蓝黑色，头小，嵌入前胸，口器、足及腹部均为黄褐色，触角基部至复眼后缘具倒“八”字形沟纹，触角丝状、黄褐色。前胸背板密布小刻点，在鞘翅上排列成10行。

柑橘恶性叶甲成虫

卵：长椭圆形，初为白色，渐变为黄白色，孵化前为深褐色，卵壳外被黄褐色网状黏膜。

幼虫：老熟幼虫体长6～7毫米，头黑色，体草黄色。前胸盾半月形，体背分泌黏液粪便黏附背上。

蛹：长约2.7毫米，椭圆形，由淡黄色渐变为橙黄色，头向腹部弯曲，体背有刚毛，腹末端有1对叉状突起。

柑橘恶性叶甲幼虫

柑橘恶性叶甲蛹

发生特点

发生代数	浙江、湖南、四川和贵州1年发生3代，江西和福建3～4代，广东6～7代
越冬方式	以成虫在树皮缝、地衣、苔藓、卷叶或树干附近的土中越冬
发生规律	春梢抽发期越冬成虫开始活动，3代区一般3月底开始活动，第1代4月上旬至6月上旬，第2代6月下旬至8月下旬，第3代（越冬代）9月上旬至翌年3月下旬。全年以第1代幼虫为害春梢最重，夏、秋梢受害不重
生活习性	成虫能飞善跳，具假死性，卵产于叶上，以叶尖和背面叶缘较多，分泌胶质涂布卵面，每雌虫可产卵百余粒

防治适期 第一代幼虫孵化率达40%时，开始喷药防治。

防治措施

（1）**消除越冬和化蛹场所** 清除霉桩、苔藓、地衣、老死翘皮、落叶、杂草，堵树洞，涂白树干。

（2）**人工捕捉成虫** 利用成虫的假死性，在成虫盛发期铺上塑料薄膜，摇动树干使成虫落下，集中销毁。

（3）**利用稻草诱杀** 利用老熟幼虫入土化蛹的习性，在树干上捆扎稻

草诱其化蛹，并在羽化前烧毁。

(4) **化学防治** 防治适期可选用90%敌百虫可湿性粉剂1 000倍液、80%敌敌畏乳油1 000倍液或20%氰戊菊酯乳油2 500 ~ 3 500倍液，每隔7 ~ 10天喷1次，连喷2次。

柑橘潜叶甲

柑橘潜叶甲（*Podagricomela nigricollis* Chen）又称柑橘潜叶虫、柑橘叶跳甲，英文名称Citrus leaf-mining beetle。我国分布于重庆、四川、浙江、江苏、湖南、湖北、广西和广东等地。仅为害柑橘。

分类地位 隶属鞘翅目、叶甲科。

为害特点 成虫取食叶背面的叶肉和嫩芽，仅留下表皮，被害叶呈透明斑块，促使幼果脱落，造成减产。幼虫潜入叶内取食叶肉，使叶片出现长形弯曲的蛀道，引起叶片脱落，造成树势衰弱。

柑橘潜叶甲叶部为害状

形态特征

成虫：体长3.0 ~ 3.7毫米，宽1.7 ~ 2.5毫米，椭圆形。头、前胸背板、足和触角为黑色，翅鞘及腹部为橘黄色。触角丝状，11节，基部3节黄褐色，其余节黑色。前胸背板有光泽，遍布小刻点，翅鞘上有纵列刻点11行，明显可见有9列。中、后足胫节各具1刺，跗节4节，后足腿节膨大。

卵：椭圆形，长0.68 ~ 0.86毫米，宽0.29 ~ 0.46毫米，黄色，表面有六角形或多角形网状纹。

幼虫：共3龄，老熟幼虫体长4.7 ~ 7.0毫米，深黄色；头部色较浅，边缘略带淡红黄色；胸足3对。

蛹：体长3 ~ 3.5毫米，宽1.9 ~ 2.0毫米，淡黄至深黄色；头部向腹面弯曲，口器达前足基部，复眼肾脏形，触角弯曲；全体有刚毛多对，腹部具臀叉，其端部黄褐色。

发生特点

发生代数	在我国华南地区一年发生2代，重庆每年发生1代
越冬方式	以成虫在柑橘树干的裂缝、伤口、地衣、苔藓或树干附近的土中越冬
发生规律	一般在3月下旬至4月中下旬，越冬成虫开始活动，爬上树梢为害，产卵于幼叶上，卵期4 ~ 11天。4月中旬至5月中旬为幼虫为害期，幼虫期12 ~ 24天。4月下旬至5月下旬化蛹，蛹期7 ~ 9天，5月上旬至6月上旬为成虫为害期，6月以后气温升高，成虫潜伏越夏，后转入越冬。成虫平均寿命235 ~ 248天
生活习性	柑橘潜叶甲成虫白天活动，能飞善跳，喜群集，有假死性，常栖息在树冠下部嫩叶背面。成虫产卵单粒散产，多产于叶缘。幼虫孵化后，从叶背边缘钻入表皮下取食叶肉，并向中脉行进，形成弯曲的虫道，虫道中央可见黑色的排泄物，幼虫可转叶为害，老熟幼虫随叶片脱落而潜入松土层内3厘米，构筑土室化蛹

防治适期 初花期即柑橘潜叶甲卵盛孵期是防治的关键时期，除可杀死大量幼虫外，还可杀死部分越冬成虫。

防治措施

(1) **农业防治** 在冬、春季，结合清园，刷白树干，堵塞树洞，除掉树干上的霉桩、地衣、苔藓等成虫藏身之地。

(2) **物理防治** 在4～5月受害叶脱落后，及时清扫、销毁，以消灭落叶中的幼虫；化蛹盛期中耕松土，以灭杀虫蛹；成虫盛发期，地面铺塑料薄膜，震动树冠，收集落下的成虫，集中销毁。

(3) **生物防治** 利用和保护天敌，主要有蠼螋、蚂蚁、瓢虫、食虫蝽和寄生菌，可在一定程度上抑制虫害发生。

(4) **化学防治** 药剂防治主要在开花前后幼虫大量出现时和5月下旬成虫大量取食时进行，特别注意新叶背面喷施，可选用药剂有扫灭利、溴氰菊酯、氰戊菊酯、毒死蜱等，7～10天1次，施用1～2次。使用时最好药剂轮换使用，避免害虫产生抗药性。

易混淆害虫

害虫种类	为害状	虫体特征	主要为害部位
柑橘恶性叶甲	成虫、幼虫咬食叶面成缺刻或仅留表皮而成枯焦状，似火烧而脱落，花、幼果被咬食成小洞而脱落	成虫雌大雄小，长椭圆形，蓝黑色，有金属光泽；幼虫体背黏附灰绿色排泄粪便，虫体呈黄白色，头部黑色	嫩叶、茎、花、幼果
橘潜叶甲	成虫取食叶背、嫩芽，仅留叶表面，幼虫蛀食叶肉呈宽短亮泡状蛀道，内有其排泄物形成的黑色长线，叶片萎黄脱落	成虫体卵圆形，头、足黑色，鞘翅橘黄色或红褐色，幼虫体黄色，蛀食叶片	叶片
柑橘潜叶蛾	幼虫孵化后潜入嫩叶、梢表皮下取食，多形成长而弯曲的狭窄银白色蛀食道，内有其排泄物形成的一条细长黑线，受害叶卷缩硬化，严重者脱落	幼虫黄绿色或黄色，体扁平，蛹体多纺锤形，外被黄褐色丝茧；成虫为蛾类，不为害	嫩叶、梢

附录　浙南闽西粤东宽皮柑橘带病虫害防治历

月份	项目	内容
12月至翌年1月	物候期	采果期、休眠期
	防治对象	柑橘黄龙病、柑橘溃疡病、柑橘黑点病、柑橘疮痂病、柑橘黑斑病、柑橘煤烟病、柑橘小实蝇及螨类、蚧类等越冬害虫
	防治措施	①结合冬季修剪，剪除病虫枝，抹除晚秋梢，清除枯枝落叶、落果、杂草并集中烧毁，翻耕园土，以减少病害初侵染源和害虫基数 ②采果后清园喷药，消灭木虱成虫后检查并挖除病树，药剂可选择10%吡虫啉可湿性粉剂1 500 ～ 2 000倍液或25%噻虫嗪水分散粒剂4 000 ～ 5 000倍液等 ③喷1~2次0.5波美度石硫合剂防治柑橘溃疡病、柑橘黑点病、柑橘疮痂病和柑橘黑斑病 ④12月利用性引诱剂与45%马拉硫磷乳油或用灯光加农药诱集捕杀，也可用50%丙溴磷乳油等农药拒避防治柑橘小实蝇；实蝇发生重的柑橘园翻耕园土，严重时用5%辛硫磷颗粒剂0.5千克/亩撒施，消灭地表和土中越冬害虫 ⑤摘除袋蛾和刺蛾越冬蛹茧，堵塞孔口 ⑥清除天牛及爆皮虫为害枝，严重时挖除橘树并烧毁 ⑦蚧类、螨类和柑橘煤烟病等严重的柑橘园，冬、春季清园，必要时喷29%石硫合剂水剂以杀灭越冬害虫（螨）
2月	物候期	春梢萌发期、现蕾期
	防治对象	柑橘黄龙病、柑橘黑点病、柑橘疮痂病、柑橘黑斑病、柑橘全爪螨、柑橘始叶螨、柑橘瘤瘿螨、柑橘潜叶甲和恶性叶甲
	防治措施	①当春梢发至1 ～ 2厘米长时，用药全面喷洒1 ～ 2次，防治柑橘木虱可选用10%吡虫啉可湿性粉剂1 500 ～ 2 000倍液或25%噻虫嗪水分散粒剂4 000 ～ 5 000倍液 ②喷1 ～ 2次0.5波美度石硫合剂防治柑橘黑点病、柑橘疮痂病和柑橘黑斑病 ③释放胡瓜钝绥螨等捕食螨进行生物防治；柑橘全爪螨、柑橘始叶螨虫口分别达2 ～ 3头/叶和1~2头/叶时喷药防治，药剂可选用20%四螨嗪悬浮剂1 200 ～ 2 000倍液、15%哒螨灵乳油1 500倍液、1.8%阿维菌素乳油2 000 ～ 3 000倍液、5%噻螨酮乳油1 500倍液等 ④春梢萌发期间，越冬成螨（柑橘瘤瘿螨）离开老虫瘿为害春梢时喷药。有机磷如乐果等效果较好，石硫合剂0.3 ～ 0.7波美度，每10 ～ 15天喷1次，连喷2 ～ 3次 ⑤摘除含卵叶片，利用柑橘潜叶甲和恶性叶甲假死性，在橘园铺上薄膜，剧烈摇动树干，使成虫坠落至薄膜上，迅速收集成虫烧死

（续）

月份	项目	内容
3月	物候期	春梢生长期、花蕾期
	防治对象	柑橘溃疡病、柑橘全爪螨、柑橘始叶螨、柑橘小实蝇、柑橘花蕾蛆、黑刺粉虱、柑橘粉虱、柑橘潜叶甲、柑橘恶性叶甲
	防治措施	①春梢展叶后至开花前喷1次药防柑橘溃疡病，花前防治指标和药剂参照2月 ②花后，柑橘全爪螨、柑橘始叶螨分别为5头/叶和3头/叶喷药防治，主要药剂有57%炔螨特乳油1 500倍液、25%三唑锡可湿性粉剂1 500 ~ 2 000倍液、25%单甲脒盐酸盐水剂800 ~ 1 000倍液、20%双甲脒（螨克）乳油1 000 ~ 2 000倍液等。但单甲脒和双甲脒对柑橘始叶螨效果不佳 ③利用性引诱剂与0.2%马拉硫磷混合物诱集捕杀柑橘小实蝇，减低虫口密度 ④树冠浅土层进行浅耕，有利于减轻花蕾蛆后期为害 ⑤挂黄板，诱杀粉虱和蚜虫，每亩设置35 ~ 40块，正反面可采用10号机油、黄油、凡士林等用作粘虫剂，7 ~ 10天后再涂1次 ⑥粉虱卵孵化高峰期，可喷施25%噻嗪酮可湿性粉剂1 000 ~ 1 500倍液、70%吡虫啉水分散粒剂2 ~ 3克/亩等防治 ⑦柑橘潜叶甲和恶性叶甲幼虫大量出现时，可喷施20%氰戊菊酯乳油或2.5%溴氰菊酯3 000倍液、30%敌百虫乳油1 000倍液等，每7 ~ 10天喷1次，连喷1 ~ 2次
4月	物候期	盛花期、谢花期、幼果发育期、第1次生理落果期
	防治对象	柑橘黄龙病、柑橘疮痂病、柑橘灰霉病、柑橘黑点病、柑橘全爪螨、柑橘始叶螨、柑橘小实蝇、粉虱、柑橘木虱、蚧类、天牛、柑橘爆皮虫、柑橘潜叶甲、柑橘恶性叶甲
	防治措施	①防治黑刺粉虱、柑橘粉虱、柑橘木虱可选用阿维菌素、吡虫啉等药剂。 ②当花芽长到半粒米至一粒米大小(2毫米)时用0.5%~0.7%波尔多液、70%甲基硫菌灵可湿性粉剂1 000倍液或10%苯醚甲环唑水分散粒剂1500倍液喷1次，防柑橘疮痂病、柑橘灰霉病、柑橘黑点病 ③抹芽摘心，蚧类发生较多时喷施0.5%果圣水剂800 ~ 1 500倍液、25%噻嗪酮可湿性粉剂（优乐得）1 500 ~ 2 500倍液 ④防治柑橘全爪螨、柑橘始叶螨、柑橘潜叶甲和恶性叶甲参照3月 ⑤每7天进行1次田间调查，收集受害落果，记录被害率及受害面积和受害作物品种。用诱蝇醚(即甲基丁香酚)等专用引诱剂或水解蛋白等自制食物毒饵诱杀柑橘小实蝇成虫；可在农药中加红糖等以提高防治效果，如90%敌百虫1 000倍液加3%红糖、30%敌敌畏乳油1 500倍液加3%红糖 ⑥有天牛幼虫的新鲜虫粪时，用钢丝钩杀；成虫盛发期白天中午捕杀成虫 ⑦用小刀刮除柑橘爆皮虫被害部翘皮，然后用80%敌敌畏乳油3 ~ 5倍液，或将其与煤油1 ：1混合液涂抹被害部位，杀死柑橘爆皮虫及其卵。局部发生地区，将橘树基部的土清开，露出根基部；同时将树冠范围内的杂草除净，根据地上从溜道排泄孔排出的木屑情况查找到虫源根据地，进行人工杀除

（续）

5月	物候期	第2次生理落果期、定果期、夏梢抽发期
	防治对象	柑橘黄龙病、柑橘黑点病、柑橘黑斑病、天牛、柑橘小实蝇、柑橘粉虱、柑橘爆皮虫、蚜虫、柑橘花蕾蛆、卷叶蛾
	防治措施	①80%代森锰锌可湿性粉剂600倍液和70%甲基硫菌灵可湿性粉剂1000倍液混合使用或交替使用，防治柑橘黑点病和柑橘黑斑病，视天气情况每隔15~20天喷1次，连喷2~3次 ②主干基部产卵处发现天牛产卵的刻槽后，可用小铁锤锤击刻槽，锤死卵或幼虫；或用77.5%敌敌畏乳油10 ～ 50倍液涂抹产卵痕，毒杀初龄幼虫。根据排粪信息，用铁丝插入刺杀或勾出幼虫。树干上的孔洞用黏土堵塞 ③根据同水果品种，选择相应的果袋进行果实套袋。套袋时间应根据不同水果品种的生育期和当地水果种植情况，结合柑橘小实蝇发育进度而定，一般在坐果期或果实黄熟软化前，实蝇成虫未产卵前，用纸袋或塑料袋进行套袋可防止成虫产卵为害，套袋前应对虫害进行1次全面防治。其余参照4月 ④柑橘粉虱、蚜虫防治参照3月 ⑤针对柑橘爆皮虫发生地区，削除受害部翘皮，然后对整个枝干及受害主枝涂药泥（77.5%敌敌畏乳油0.5千克兑5 ～ 10千克黏土，加水调成糊状） ⑥蚜虫零星发生采用挑治，有蚜株率达25%时，开展药剂防治，可选用5%啶虫脒乳油1 500 ～ 2 000倍液、70%吡虫啉水分散粒剂2 ～ 3克/亩或0.3%苦参碱水剂500 ～ 1 000倍液等 ⑦彻底清除落地受害果，摘除树上的有虫果集中烧毁、水池浸泡或进行药剂处理等防治柑橘花蕾蛆 ⑧捕捉卷叶蛾幼虫和摘除叶片上卵块，用20%氰戊菊酯3 000倍液或BT乳剂800倍液进行树冠喷雾，防治卷叶蛾
6月	物候期	夏梢抽发期、第2次生理落果期
	防治对象	柑橘黄龙病、柑橘溃疡病、柑橘黑点病、柑橘粉虱、柑橘潜叶蛾、柑橘花蕾蛆、柑橘木虱、蚧类、柑橘锈瘿螨、柑橘小实蝇、柑橘爆皮虫
	防治措施	①柑橘溃疡病高发期，7~10天喷1次药，可选用30%氢氧化铜悬浮剂600 ～ 700倍液、2%春雷霉素水剂400倍液和15%络氨铜水剂600 ～ 800倍液等 ②发现柑橘黑点病，可用80%代森锰锌可湿性粉剂600倍液和70%甲基硫菌灵可湿性粉剂1 000倍液混合喷雾或交替喷雾 ③柑橘粉虱、柑橘爆皮虫防治参照5月，矢尖蚧等蚧类防治参照4月 ④夏梢抽发期喷施1.8%阿维菌素乳油2 000 ～ 3 000倍液或3%啶虫脒乳油1 500 ～ 2 500倍液。隔7天喷1次，连喷2 ～ 3次，防治柑橘潜叶蛾 ④77.5%敌敌畏乳油600倍液或40%辛硫磷乳油800倍液树冠喷雾。每10 ～ 15天喷1次，连喷2 ～ 3次，防治柑橘花蕾蛆

（续）

<table>
<tr><td>6月</td><td>防治措施</td><td>⑥田间调查木虱，检查病树并及时挖除，喷药防木虱，全面喷洒1～2次70%吡虫啉水分散粒剂2～3克/亩，或25%噻虫嗪水分散粒剂4 000～5 000倍液，防治柑橘木虱
⑦螨类为害严重的果园需再次喷药，防治柑橘锈瘿螨的主要药剂有57%炔螨特乳油1 500倍液、25%三唑锡可湿性粉剂1 500～2 000倍液、25%单甲脒盐酸盐水剂800～1 000倍液、20%双甲脒（螨克）乳油1 000～2 000倍液等
⑧在实蝇发生区，每隔5天摘除果园内虫果，捡拾落果、烂果，并集中掩埋、用水浸泡或沤肥。喷施药剂可选用97%敌百虫1000倍液加3%红糖或77.5%敌敌畏乳油1 500倍液加3%红糖，防治柑橘小实蝇</td></tr>
<tr><td rowspan="3">7月</td><td>物候期</td><td>果实膨大期、秋梢抽发期</td></tr>
<tr><td>防治对象</td><td>柑橘黑点病、柑橘黑斑病、橘小实蝇、天牛、柑橘潜叶蛾、侧多食跗线螨、柑橘花蕾蛆、蚜虫、柑橘爆皮虫</td></tr>
<tr><td>防治措施</td><td>①摘夏芽为放秋梢做准备
②梅雨季节结束后，喷1次80%代森锰锌可湿性粉剂600倍液或50%咪鲜胺可湿性粉剂1 500倍液防治柑橘黑点病、柑橘黑斑病
③根据虫口密度，柑橘小实蝇、柑橘花蕾蛆防治参照6月，蚜虫参照5月
④继续捕捉天牛成虫，钩杀幼虫
⑤侧多食跗线螨防治药剂参照柑橘全爪螨。喷药时尤应注意叶背面
⑥枝干上出现小流胶点时，用77.5%敌敌畏乳油800倍液喷施，削除受害部翘皮，后对整个枝干及受害主枝涂药泥（80%敌敌畏乳油0.5千克兑5～10千克黏土，加水调成糊状）</td></tr>
<tr><td rowspan="3">8月</td><td>物候期</td><td>果实膨大期、果实着色期、秋梢抽发期</td></tr>
<tr><td>防治对象</td><td>柑橘黄龙病、柑橘溃疡病、柑橘黑点病、柑橘炭疽病、吸果夜蛾、柑橘小实蝇、柑橘全爪螨、柑橘锈瘿螨、柑橘花蕾蛆、柑橘潜叶蛾、里刺粉虱</td></tr>
<tr><td>防治措施</td><td>①秋梢萌动时，喷1次药防柑橘溃疡病，且每次台风过后要及时补喷
②根据病情指数，参照上述方法继续防治柑橘黑点病和柑橘炭疽病
③柑橘锈瘿螨、柑橘小实蝇防治参照6月，柑橘花蕾蛆防治参照5月
④秋梢抽生0.5～1厘米长时及时喷1次药剂防治潜叶蛾，可以选用1%或1.8%阿维菌素乳油2 500倍液
⑤低龄若虫盛发期，采用70%吡虫啉水分散粒剂2～3克/亩或25%噻虫嗪水分散粒剂4 000～5 000倍液防治黑刺粉虱
⑥糖醋液、烂果汁诱杀吸果夜蛾，同时喷洒40%丙溴磷乳油1 000～1 500倍液或5.7%氟氯氰菊酯乳油1 500～2 000倍液</td></tr>
</table>

（续）

	物候期	果实着色期、采收期
9~11月	防治对象	柑橘绿霉病、柑橘蒂腐病、柑橘酸腐病、吸果夜蛾、柑橘小实蝇、柑橘全爪螨、柑橘锈瘿螨、柑橘花蕾蛆
	防治措施	①果实套袋，利用灯光诱捕吸果夜蛾成虫，也可用红糖、醋各50克、90%敌百虫25克加水1千克，配制毒液，诱杀吸果夜蛾成虫 ②利用性引诱剂与0.2%马拉硫磷混合物，或用灯光加农药诱集捕杀柑橘小实蝇，也可用50%丙溴磷乳油等农药拒避 ③根据虫口密度，柑橘全爪螨防治参照3月，柑橘锈瘿螨防治参照6月，柑橘花蕾蛆防治参照5月 ④于连续晴天、露水干后采摘果实；轻摘轻放，避免挤压损伤，剔除病果和虫伤果。用22.5%抑唑霉乳油750倍液混合40%双胍辛胺乙酸盐可湿性粉剂1 500倍液，或25%咪鲜胺乳油750倍液混合40%双胍辛胺乙酸盐可湿性粉剂1 500倍液浸果1分钟，捞起晾干 ⑤贮藏前做好贮藏库的消毒，用1%~2%福尔马林或4%漂白粉液喷洒，或每立方米用5~10克硫黄粉熏蒸，或用40毫克/米^{3}臭氧消毒，密闭24~48小时后通风排尽残药，并清除异味。贮藏期间控制好库温和通风